(Santo Domingo) Dominican Republic……………（圣多明各）多米尼加共和国

(Qalaat Marqab) Syria……………（卡勒特·马加特堡）叙利亚

(Topkapi Harem) Turkey……………（托普卡匹皇宫中的后宫）土耳其

(Evergreen Plantation House) USA……………（长青种植园宅邸）美国

《漫游世界建筑群》

是英国广播公司（BBC）的

一部经典纪录片，

主持人丹·克鲁克香克

（Dan Cruickshank）

作为一位建筑历史学家也因之闻名。

本书系以纪录片内容为基础，

配置以更为精美细致的建筑图片，

按照 8 个主题为大众讲解了足以震撼

世界的 36 座建筑，

并探寻这些建筑背后更为震撼的故事、

文化的起因和曾经的人物传说。

本书系共包括 4 个分册，分别是：

《漫游世界建筑群之美丽·连接》

《漫游世界建筑群之死亡·灾难》

《漫游世界建筑群之梦想·仙境》

《漫游世界建筑群之愉悦·权力》。

本书作者丹·克鲁克香克不仅是英国广播公司（BBC）电视台定期主持人，而且是一位建筑历史学家，他最为人们所熟悉的、也是最受欢迎的电视系列节目有《英国最好的建筑》和《工业革命为我们带来了什么》。

由他主持的系列纪录片还包括《当代的奇迹》《弗里斯－格林失落的世界》《世界八十宝藏》，这些纪录片也均推出了相应的同名畅销书。

他是乔治亚（历史建筑保护）小组的活跃成员，并一直在英国谢菲尔德大学建筑系担任客座教授。

他出版过包括《乔治亚时代的城市生活》《英国和爱尔兰的乔治亚建筑欣赏指南》等多部著作，其中最为著名的是由他担任主编的《弗莱彻建筑史》，该书是目前世界上最具学术价值的建筑通史之一。

PIER 17

A phoenix paperback

First published by Weidenfeld & Nicolson, a division of The Orion Publishing Group, London

This paperback edition published in 2009 by Phoenix, an imprint of Orion Books Ltd

BBC 经典纪录片图文书系列

漫游世界建筑群之
愉悦·权力
Adventures in Architecture

【英】Dan Cruickshank（丹·克鲁克香克）著
吴捷 杨小军 译

中国水利水电出版社
www.waterpub.com.cn

前言

本书记录了一场环球之旅。我从巴西的圣保罗出发，历经一年到达阿富汗偏远地带，旅程至此结束。全程覆盖了世界五大洲 20 多个国家，从冰冷广袤的北极圈和冬季的俄罗斯北部一直跨越到火热的中东沙漠、亚马孙潮热的热带雨林，以及印度和中国的众多火炉城市。

旅程的目的是要通过探索世界各地的建筑和城市，以此了解并记录人类历史及其抱负、信念、胜利和灾难。在这场探索之旅中，各个地区具有着全然不同的文化、气候、建筑规模和建筑类型，它们相互碰撞又相互融合。我见识了各种各样的城市，包括世界上最古老的一直有人居住的城市——叙利亚的大马士革、21 世纪建成的第一个新首都城市——哈萨克斯坦的阿斯塔纳，只为感受人们是如何生活在一起，以及建筑物是怎样界定和影射社会的。除了城市整体之外，我也单独探索了建筑物，包括寺庙、教堂、城堡、宫殿、摩天大楼、妓院兼女性闺房、监狱，以及位于阿富汗的世界上最完美的早期尖塔——神秘的 12 世纪贾穆宣礼塔。从某种意义上说，我曾帮人建造过世界上最古老的建筑物——听起来有点自相矛盾——以此来探寻建筑物的起源：在格陵兰，我和因纽特人共同建造冰屋——这个古老而巧妙的、拥有原始之美的物体结构，它揭示了早期建筑形成史，人们运用他们的工程天赋和可用的材料来建造一个可以抵御风雪和野兽的栖身之所。

这次探索之旅的成果在英国广播公司第 2 频道“漫游世界建筑群”的节目中播出，现在以书籍的形式呈现，它讲述了我亲身体验的建筑历史。汇编这段历史令人筋疲力尽，但又一直让我感到愉悦和振奋。建筑是人类最紧迫的，并且可以说是一直以来要求最高的活动，因为许多看似相互抵触的需求需要被调和、需要和谐共存。例如，建筑揭示了如何通过巧妙的设计来化解大自然中潜在的灾害力量，如何利用自然之力来驯服甚至挑战自然，如何将潜在的问题转化为优势。一些需要承受重力作用的建筑物——如穹顶、拱门等——结构非常坚固、承重能力极强，正是因为人们利用了如重力之类的自然力量。我们还看到，古往今来，建筑充分地挖掘了大自然的潜力，不只是利用天然的形态和材质——如黏土、石头和木材——同时还凭借人力将自然的产物进行改造和强化，创造出了新式的、更坚固的建筑材料，如铁、钢筋混凝土和钢。建筑应该是灵感受到启发后，艺术与科学紧密结合的创造性产物，诚如罗马建筑师维特鲁威在两千多年前的解释，建筑必须具备“商品性、稳固性和愉悦性”，这三者正是需要通过建筑调节的潜在矛盾。建筑物必须在满足功能性要求的同时，又具有结构稳定性和诗意，既要美丽，又要有意义，能激发并利用人们的才智和想象，如果是宗教建筑，还应通过物质手法唤起精神感受。只满足维特鲁威前两个要求的建筑仅仅是一种实用的构造，而只有第三点——即使在结构上没有必要性，但却提升了精神上的愉悦性——才将结构转化为了有设计感的“建筑”。

根据不同的建造原因，本书系中所述的地点被分成了8个不同的主题：建立栖身之所；应对灾难；表现世俗权力；致敬和纪念他们的神灵；建立人间天堂，将理想主义的梦想转化为可触摸的现实；展现死亡之谜，揣测死后生活；创建能够实现共同生活的群体；寻求对艺术美的感官享受及精神和视觉的愉悦。

在这史诗般的旅程中，我学到了很多，想到了很多。建筑是向所有人开放的伟大探险、是伟大的公共艺术，因为建筑就在我们周围。不管喜欢与否，我们都生活并工作在其中，或仅仅通过、走过它们。建筑物是私有财产，但它们也具有一个强有力的公共生命——伟大的建筑是属于所有人的。正确看待它，或者仅仅是稍微地了解它，揭开建筑石材中尘封的故事，都能更加充实、愉悦地生活。我希望这本书可以让每一位读者对建筑多一点喜爱，多一点了解。

我担心书中提及的某些地方会令人感到震惊和困惑，但是我也希望，这些地方能让人感到愉悦，能激起人们的求知欲。没有选择英国和爱尔兰的任何场所，并不意味着这些岛上的建筑质量较差或是在世界上地位较低。恰恰相反，正是因为很多地方我都已经在其他书中作过介绍，因此在本书中便不再重复，而是把重点放在那些我很早就感兴趣但却没有去过或是详细了解过的地方。

对于本书中的大多数地点而言，探访是相对安全且简单的，但考虑到旅游对环境造成的破坏，很多读者可能会更喜欢在书中阅读这些遥远并脆弱的建筑瑰宝，而不是参观它们。然而，更强大、更直接的威胁来自于冲突和贫穷。世界正日益成为一个充满敌意和分歧的地方，战争和忽视使得这些历史遗迹面临前所未有的威胁，其中许多被掠夺甚至毁坏。但愿本书能提醒人们，这些文化和艺术瑰宝很可能正处于威胁之中，最起码，这本书记录下了那些可能很快就将被永远改变的建筑。

目录

愉悦 Pleasure

亚马孙歌剧院

建立在橡胶之上的欢乐之城——
歌剧院（玛瑙斯，巴西）

玛瑙斯位于距离巴西海岸近 1500 公里的内陆，沿着亚马孙河和尼格罗河旅行是到达那里最合适的方法。在 19 世纪晚期、20 世纪早期橡胶业的鼎盛时期，巴西创造了巨大的财富，从而建造了这些河流中最大、最重要的港口——玛瑙斯。但对 19 世纪后期在此扎根的橡胶商人来说，金钱还不能满足他们。他们想要文明和愉悦，并且是欧洲式的。因此，他们从 19 世纪 90 年代开始打造歌剧院，其灵感来自巴黎的潮流和品位，到 1896 年，他们已成功地建造了一座即使放在欧洲首都城市中也毫不逊色的歌剧院。

我要看的正是这座奇妙的建筑——一座几乎无视自然条件、寓意深远的建筑。我听说这座歌剧院，现在被称为亚马孙歌剧院，它并不仅仅是一座珍奇的建筑，而且是19世纪末期的设计理念的集中体现。它的许多关键构件都是在欧洲制作完成，然后克服了极大的困难，耗费了大量的财力带到这里，最后组装成一个华丽精致的工艺品来取悦橡胶大亨。

我们使用一艘特供的小船来旅行，逆流而上，沿着遥远的海岸，经过一些定居地和雨林。亚马孙河宽广得就像是内陆海。它是世界上最大的河流[1]，世界上所有注入大洋中的活水中，大约有15%[2]都来自于亚马孙河。我们在到达玛瑙斯之前还有一个地方要去。我想要找到更多关于这个行业在19世纪晚期改变该地区的故事。我要去拜访一位割胶工。

[1] 原文 the greatest river，可能是指其流量最大的意思。也可能指代2007年关于一群学者的宣称（关于亚马孙河"新河源"以及由此推演出的"新河长"和"世界第一长河"的结论）。——译者

[2] 可能是"20%"，源于世界自然基金会网站"Amazon River and Flooded Forests"文章。——译者

橡胶的故事是我所听过的最神奇的故事之一。这种在世界偏远角落的树液忽然间成为所有工业化国家必不可少的材料。早期的欧洲探险家来到这里，看到当地人使用它来制作鞋子和球类。一开始他们还无法理解到底是怎样制作出来的，因为橡胶对温度的反应非常地戏剧化：在高温下会变成黏稠的液体，在低温下则硬脆易碎。19世纪30年代，查尔斯·古德伊尔渐渐相信橡胶能够令他摆脱经济危机。他开始找人合作，尝试将松节油通过硫黄溶液和橡胶混合。他惊奇地发现这样可以使橡胶在加热时保持性状稳定，然后在1839年他获得了一项

亚马孙河流域的丛林

割胶工人在橡胶树种植园工作

专利。经过几年的发展，橡胶的硫化技巧被发现。尽管这项产业在全球市场上的潜质已然建立，但是并没有迎来巨大的市场需求，一直到 19 世纪 90 年代的自行车狂潮和 20 世纪的汽车狂潮。市场对橡胶轮胎的需求，使巴西成为极其重要的供应商。可惜巴西的经济繁荣是短暂的。在一次非同寻常的工业间谍活动后，19 世纪 70 年代，英国将巴西橡胶树种子带回帝国的部分地区进行种植。尽管第一次的实验失败，但缅甸的种植业开始蓬勃发展，英国控制下的橡胶工业由此开始发展。当然，在这些种植园的橡胶树尚未成熟的 30 年间，巴西仍旧是市场的主导。

我停靠在亚马孙河边。等待我的是一个身材矮小的中年人。他看起来像是当地居民，而并非葡萄牙人血统。他的祖辈不是橡胶种植园主或商人，而是负责收集和处理橡胶树的汁液的人。他的名字是莫瑞西欧·坎迪多·德·阿劳若。我们沿着一条离地约几英尺高的狭窄的木栈道来到了一个小村庄中，这里的房子都是简易的木制房屋——每间屋子都建在一丛高高的木桩上。为什么会有这么奇怪的安排呢？我问莫瑞西欧。他解释说，每年从 5 月下旬开始有三个月的时间，亚马孙河的水位会上升 13 米，沿河的小村庄会被河水淹没。河水漫过屋子的门槛，之后只能用船航行。而现在则是完全不同的景象，一年一度的洪水就已经退去三个月，我达到的这一方小小的土地充满尘土，被炙烤至干涸。

莫瑞西欧带着我走进森林，来到一棵标样为巴西护谟树的橡胶幼树下。他拿出一枚刀片，快速地在树皮上切出一个 60 厘米长的 V 形切口，露出白色的内里。紧接着，乳白色汁液开始从 V 形切口溢出，莫瑞西欧在那下面卡了一个罐子来接住这宝贵的液体。然后他带我去一些几个小时之前割出的切口处收集流到罐子里的乳白色液体——乳胶。当我们散步的时候，我观察这种液体，并拿了一点在手上摩挲，手感就像淡牛奶一样，随后奇怪的事情发生了，摩擦以及产生的热量使得液体变干并开始凝结。它变得像是薄膜，然后我继续摩擦，薄膜被卷成了一个柔软的、有弹性的弹力球。

我向莫瑞西欧询问有关他的家庭的事情，他们所参与的橡胶工业以及他是否去过玛瑙斯大剧院。莫瑞西欧的反应出乎我的意料。他微笑着，一开始礼貌地回答，随后又变得激动起来，眼眶里含着泪水。我的提问让他回忆起过去受到的羞辱、迫害和不公正。他告诉我，他家很穷，不得不作为割胶工为橡胶大亨们做牛做马，那时，他们事实上就是奴隶。现在，他的孩子们得到了教育；他们可以随意去歌剧院，但他不想那么做。对他来说，歌剧

收集乳胶

院是一个充满无情的贪婪和不公的时期的象征，而他则正是那个时期的受害者。

我们在其中一个村屋里午餐，品尝一道道当地的菜肴。接着我登船继续沿亚马孙河前行。在遥远的海岸间穿行的时候，我思考着到底发生了什么。我对歌剧院的看法正在发生变化，不是一个 19 世纪光怪陆离和奢华的魅力表现，而是变成了自私放荡、野蛮贪婪的象征和压迫的标志。很快，我的右手边出现熟悉的、一个伟大城市的外围护航者——工业建筑群、发电站、分散在河畔的住房密度逐渐增加。着陆，在感谢船长和船员的安全驾驶后，我们从海滩开始沿台阶而上，面前是一系列优雅至极的铁制品。这个市场是由古斯塔夫·埃菲尔设计并在法国制造的，于 19 世纪 80 年代初在玛瑙斯装配。它的铸铁细节的装饰性和品质都极高。这里是个充满了生活气息的地方：其中一个大厅是鱼市，另一个是肉市场，中间是药草和蔬菜摊。我继续前行进入市中心。周围林立着的都是橡胶繁荣时期的物证。大量的公共和私人资金被用来美化城市。在打造这座巴黎的缩影时，最重要的人物便是时任州长爱德华多·贡萨尔维斯·里贝罗。1896 年，当剧院兴建完毕时，他的名字和时间一起被刻在歌剧院上。

它就在我面前了——我此行的目标，这个粉色的精致的建筑工艺品。而如今，在与莫瑞西欧对话后，我靠近这座财富纪念碑，带着不安寻求着那段文化。它的建筑语言有着一种慵懒的古典主义风格，采用了文艺复兴后期的方式。我沿旋转台阶走上了一个平台——歌剧院就坐落在这里。前面是科林斯式的柱廊，坐落于基层拱廊之上，还支撑着一面半圆形三角楣。柱廊上是巴西英雄的半身像——这个建筑充分展现了民族自豪感和认同感。我走进一间带有圆柱的拱顶门厅，经过一个结构清晰可见、极具装饰性

亚马孙歌剧院
近景

歌剧院的
礼堂

的铸铁楼梯。然后我走了几个台阶，进入一个蹄状平面布局的礼堂，其中华丽的铸铁廊台是在英国的格拉斯哥制造的，这里给我的印象是一种势不可挡的华丽。歌剧院的外墙采用明亮、简单的色彩，而礼堂里面则是暗色调、丰富和复杂的。我越看感受越深刻。色调和装饰不仅仅是成熟和恰当的，而且非常有真实感。这似乎是件罕见的事情—— 一座宏伟的、19 世纪的剧院内部居然没有彻底地被现代化或过度修复。一切都诉说着民族自豪感，以及对于玛瑙斯甚至整个亚马孙地区的骄傲之情，但没有一处直接涉及打造这个歌剧院建筑的财富来源——橡胶或者是那些艰辛劳作收集这宝贵的自然资源的人。

礼堂顶棚的
画作

顶棚上是一系列带有寓意的画作，它们展现了舞蹈、悲剧、音乐和这些艺术的缩影——歌剧。但是这个顶棚最奇特的地方是那个划分这四幅画的框架，它被绘制模拟成铁制品，合并成一个十字形构造。预期让观众瞬间产生一种幻觉：站在巴黎埃菲尔铁塔脚下，而且笔直地往上看。

歌剧院拥有的另一个重要的公共室内空间是主大门之上的二楼舞厅。我又一次遇到可以与欧洲宫廷相媲美的巴洛克式辉煌宫殿。大理石柱，威尼斯玻璃吊坠装饰的、华丽的、法国制造的铜质枝形大吊灯，复杂的拼花地板虽然采用了亚马孙森林的木材，却是运到法国进行切割后再运

歌剧院礼堂的
观众席

回安装的。壁画用一种极其浪漫的手法展示了本区域的自然奇观：热带雨林，当地各种生物和亚马孙河。天花板是整个设计的亮点。它和那一系列的裸体缪斯女神像一起，展现了亚马孙对美好艺术的赞美颂扬。这个内景的创造者是多梅尼科·德·安热利斯，但奇怪的是，很少有人就歌剧院的设计者达成一致。有人说，剧院设计者是里贝罗，他曾被训练为一个军事工程师，并从巴黎歌剧院得到灵感。其他人的想法则比较不浪漫，他们认为，当局是从里斯本的皇家建筑办公室获得的设计图。

我最后的任务是实地感受一下歌剧院。今晚这里将有一场演出，是由亚马孙爱乐乐团演奏的古典音乐精选，其中包括瓦格纳和莫扎特的作品。但我首先想见一个人，她是一个当地女孩，在贫困中长大，听说她的命运因古典音

亚马孙歌剧院
远景

乐和亚马孙歌剧院而改变了。她的名字叫伊莱恩·马尔托拉诺，现在是一名女中音歌手。她的故事或许可以让莫瑞西欧对歌剧院的敌意有所改变。伊莱恩是位美丽的高个子女孩。她带我去看她过去在大街上常常睡的地方——深夜工作结束后她就睡在这里，这样就可以准时参加她的歌唱课。她告诉我关于古典音乐激励人心的力量和她对亚马孙剧院的热爱。

晚上我回到剧院。观众们穿着随意，似乎代表了玛瑙斯一种通情达理的社会阶层的剪影。礼堂只能容纳 700 人，但一层层的包厢让人感觉充实、亲密，气氛很好。是的，这是一个美丽的地方，音乐之美萦绕其间，并与建筑之美交相呼应。坐在这座剧院里，想象着 100 年前的场景：外面是原始的、危险的自然条件，拥挤的港口和市场，被剥削、被迫害的割胶工；里面则是富有的橡胶大亨和他们的夫人，赏味着欧洲文化的集锦——这真是一种绝妙的体验。但一切都是注定走向毁灭的。1901 至 1902 年间有 14966 吨橡胶从玛瑙斯出口，而 1909 至 1910 年则达到 17208 吨的峰值。之后，由于缅甸和马来亚种植的橡胶开始投放市场，它们的种植率更有效所以价格更便宜。到 1912 年时，巴西橡胶的繁荣期就结束了，而财富也开始消逝。

所以亚马孙剧院的存在，不仅仅是纪念巴西橡胶的繁荣时期，而且代表着它戏剧性的消逝，并且代表着人类本性中那转瞬即逝的虚荣心和野心。歌剧院，至少对我来说，是一间令人沉痛的纪念馆，让我想起那些遭受折磨的人们，正是通过他们的艰辛劳作才创造了财富以建造这座歌剧院。

印度门旁边的
泰姬玛哈酒店

一座首创性建筑的奢华壮丽——
泰姬玛哈酒店（孟买，印度）

清晨，我乘坐一艘小船，途经阿拉伯海的平静水域，来到孟买港口。就应该以这样的方式到达，这座城市就应该以这种方式呈现在人们眼前，所有的建筑都设定得无比合适。孟买，这座城市有着卑微的贸易起源，却不断快速发展并在 19 世纪末成为了世界上最重要的城市和港口之一。在小船上，我感受到了建筑的宏伟，当我靠近阿波罗码头[1]时，有两座建筑物特别醒目。一座是壮丽的凯旋之门——印度门，建成于 1927 年，作为纪念通往英国统治下的印度次大陆的登陆点。这个拥有独特外观的门——结合了欧洲帝国古典主义和印度莫卧儿式建筑风格，象征着

[1] 原文 Apollo Bunder，现在更名为 Wellington Pier，即威灵顿码头。——译者

两种不同的传统在英属印度的融合。旁边的那个建筑物和印度门一样具有象征性，然而单从建筑上而言却更加令人印象深刻。这就是泰姬玛哈酒店[1]，世界上最伟大的酒店之一。1903 年泰姬酒店开业，它不仅是印度在建筑领域的创新，而且也代表了一种奢华的生活——现代享受的典范。豪华的酒店，带有电梯、套房、富丽堂皇的餐厅以及所有现代化的便利设施，这真是美国 19 世纪 50 年代的构思，而泰姬玛哈酒店则是这种理念首次在印度成为现实。我打算在那里住一个晚上去探索历史的痕迹，并且我希望可以体验一下在一家宏伟的酒店里能找到的乐趣。

酒店依然由它的创建者同时也是赋予它特定的角色和意义的家族经营。19 世纪 90 年代，一位来自孟买的帕西人社区、名叫贾姆希德吉·塔塔的富有实业家，将修建、经营一家大酒店的梦想变为了现实。至于原因现在已经成了一个谜，但很有可能是因为塔塔对孟买的自豪感，以及他对一个国际大都市人民生活方式的展望。在泰姬玛哈酒店开张前，孟买的大酒店都是被欧洲财团经营，而且推行很多歧视印度人的政策[2]。即使像贾姆希德吉 · 塔塔这样有钱有势的当地人，也不被允许在华生酒店用餐——开业于 1869 年、当时这个城市最好的酒店之一。塔塔对于这种不公平的待遇采取了最具创意的处理方式：与其试图努力走进那些属于欧洲人的酒店，他决定建立属于自己的酒店。那将是世界上最好的酒店，而且尤为重要的是，它将

[1] 原文 Taj Mahal Hotel，全称 Taj Mahal Palace & Tower，隶属于泰姬陵酒店与假日宫殿公司（Taj Hotels, Resorts & Palaces）。——译者

[2] 也可认为是“白人至上”政策。——译者

泰姬玛哈酒店旁的人群

对所有人开放，无论任何种族或宗教。唯一的条件就是，客人必须有钱。从一开始，泰姬玛哈酒店就是奢华高档的。但正如一些事件证明的那样，在动荡的 20 世纪 30 － 40 年代，即印度准备独立之时，向所有种族开放的泰姬玛哈酒店成为了孟买——印度最重要的城市之一 —— 一个非常重要的地方，不管是英国人还是印度人、印度教徒还是穆斯林、左翼还是右翼政客，所有人都可以在这里用轻松的心态和放松的方式会晤。对客人而言，泰姬玛哈酒店是一个私密的地方，但它的公共空间和开放的政治环境却使得它成为了现代印度诞生的熔炉。

我在印度门旁着陆，观察周围的情况。道路是忙碌和嘈杂的，泰姬玛哈酒店旁边矗立着一座塔状建筑——建造于 1973 年，用于提供额外的住宿。毫无疑问，从商业角度而言这个举动非常明智，可从艺术角度来看却有一点惨不忍睹。因为现在的塔看上去极为落魄，和旁边的那辉煌的建筑完全格格不入。我走近这座 1903 年的建筑物，越接近我越清楚地认识到，酒店的建筑、材料和施工方法的重要性——都在传递信息，在 19 世纪晚期的孟买，由建筑传达的信息是多层次的、复杂的。它与民族认同感、自豪感，艺术理念，以及历史先例与现代建筑技术的融合息息相关。但是最重要的问题是道德性，它源于 18 世纪末和 19 世纪初关于欧洲建筑的争议，那个时候人们开始相信，从道德层面而言，建筑方式也有好坏之分——实在地表达构造的技术和展示建筑材料的本质，是为了成就真实，而如果真实等同于美，那么一座品性真实的建筑也必将是一座更美丽的建筑。19 世纪上半叶，这一理论在英国的奥古斯都 · 威尔比 · 诺斯摩尔 · 普金和约翰 · 罗斯金的著作[1]中最先提出，他们辩称与古典建筑相比，中世纪哥特式建筑更具有道德优越性——使得建筑道德观念进一步发展。他们声称，哥特式的优点包括工程结构的精密高雅，并且没有将其隐藏起来，而是展示出来，甚至是作为最重要的装饰部件，同时，从建设材料的角度来说，哥特建筑更能挖掘材料的结构与艺术潜质。为此，罗斯金特别推荐了威尼斯的哥特式建筑，它将不同颜色的砖块和石头作为装饰来凸显高度，这一技术被称为“彩饰”建构。普金则是一个狂热的罗马天主教徒，对哥特式有着特别的热情，

[1] 约翰 · 罗斯金在他两部影响深远的理论著作中补充了皮然的思想——1849 年的《The Seven Lamps of Architecture》（建筑的七盏明灯）和 1853 年的《The Stones of Venice》（威尼斯之石）。

——译者

德国科隆大教堂——中世纪欧洲哥特式建筑艺术代表作

撰写了许多强大的理论来支持哥特式是源自于基督教的这一观点，且其不仅在建筑结构上更为可靠，而且在精神上优于“异教徒”的古典风格。到19世纪中叶，这些争论已经卷入英国建筑风格之战，那些支持基督教各种样式的哥特式建筑的建筑师们陷入于与古典学者的激烈辩论中，到底怎样的建筑风格才配得上大英帝国前所未有的强大实力。这场辩论的核心点在于，那些创新的结构材料，如铁艺和玻璃，他们是应该被诚实地表达呢，还是覆上一层当时文化所接受的、具有历史意义的细节作为装饰？所以，当泰姬玛哈酒店的设计在19世纪90年代敲定时，这场建筑风格争辩还远远没有到达折衷点[1]。这个设计成全了其道德性，并成为承载着许多不同欲望和信仰的媒介。

现在，我正站在这座酒店楼下，面对着如峭壁般高耸的建筑立面。它用石材覆盖，没有多余的细节。一切都非常对称，相同尺寸的窗户层层阵列，有一种功能性、现代

[1] 虽然作者并没有表明，但是19世纪下半叶到20世纪初正是折衷主义的盛行时期。【参考《外国近现代建筑史》（罗小未主编，2004年8月第2版）】——译者

化的感觉，而且诚实地体现了酒店所提供的如出一辙的套房。地面上是一个开放式的拱廊，为这个城市中的公众提供舒适荫凉的场地，就像文艺复兴时期欧洲城市中优雅的街道。酒店的边角以穹顶塔楼的形式强调出来，而酒店的正立面中央是一块与酒店同高的、巨大的装饰性幕墙，塔楼和幕墙的细节精致华美，并由此激起了印度建筑风格的多种化。和印度门一样，泰姬玛哈酒店也试图将不同的文化融合在一起，从而打造出一种与众不同的印度都市建筑——有着丰厚的历史传承感、极具现代化的构造和设计。

我进入楼梯大厅。这是一个壮观的地方，一直通向顶上巨大、宏伟的、如同王冠加冕于酒店中心之上的穹顶。而这个巨大的装饰性楼梯井从平面上看是正方形，顶部却像一个八角鼓。这个楼梯间具有多重作用，其中最明显的功能是给酒店内部带来一种庄严感和建筑学上的兴奋点，并为酒店各楼层之间的往来提供一个主要通道。另一个不那么明显但同样重要的作用是，它提高了建筑物内的生活品质。实际上它是一个巨大的烟囱，酒店刚刚建成的时候，楼梯间相当于整个建筑的通风口，让它在炎热的月份里保持凉爽。酒店里的大部分热空气会被卷入楼梯井，自然上升，从穹顶下方的开放式鼓形区离开。随着热气的离开，底层的新鲜空气在经过地下室加工过的冰块时温度降低，随之又进入酒店。泰姬玛哈酒店在印度建筑中很多方面都是首创，这正是其中之一 —— 一个简陋却十分有效的空调系统。它也是孟买第一个使用电力照明，拥有电风扇、电梯和土

泰姬玛哈酒店的主楼梯

酒店里的
游泳池

耳其浴室的建筑。我仰望楼梯，这真是个伟大而光荣的酒店，一个真正雄伟华丽的建构——服务于各楼层的层层叠叠的回廊以及各式各样建筑细节和建筑外观的绝妙融合。在壮丽的穹顶之下是悬臂式楼梯和回廊，这种设计是源于文艺复兴时期的建筑风格；而大部分细节装饰则是以欧洲中世纪哥特式建筑为灵感；但是空白拱门则明显带有莫卧儿式风格的特点。出于某种原因，人们并不能确认这个富丽堂皇的酒店的设计者的身份，但它细节之处所融合的风格或许能反映其复杂的起源。这座酒店的规划是从 1898 年在水边一个 12 米深、让人望而生畏的基地里面开始的，由印度教徒建筑师西塔拉姆 · 库坎德饶 · 维迪雅签字确认，因此楼梯的最初设计必然是出自他的手笔。但是维迪雅去世于 1900 年，然后塔塔便将完成酒店的任务交到了英国建筑师钱伯斯手中。

酒店的基本设计非常简洁。一条环形廊道一直延伸到酒店后部，并与正面的拱廊平行，而一层廊道的尽端是商店、酒吧和餐馆。酒店平面布局呈 U 形，纵深并不长，这是为了让冷却的海风和空气更容易流通，而两侧的楼层却一直延伸到酒店后方，那里现在是一个花园和一个游泳池。虽然细节之处带有异国情调，但整座酒店却被看做一个非常实用的工具——非常的现代化。我走进花园。最初这里是作为主入口，后来新的设想似乎更好，于是原先充斥着马车和汽车的公共空间现在则是一个令人愉快又隐蔽的聚集点。

2003 年，泰姬玛哈酒店经历了一次彻底的翻修，据说是为了庆祝百年华诞，但似乎它的一些非同寻常的特色却在这个过程中丢失了。1939 年，因孟买统治者们的禁令，这座酒店濒临破产。而在被忽视数十年之后，在 20 世纪 60 年代，这座酒店也仅仅是躲过了被拆除的命运。但是现在情况明朗多了，因为酒店又开始光鲜亮丽、日益风靡，并在孟买的现代生活中找到了自己的一席之地——如今它是最受欢迎的婚宴地点，在重大的宗教吉庆日时，这里的舞厅和宴会套房中一天就能举办五场婚礼。那个舞厅，在酒店初开业时，便成为了全印度最尊荣华贵的舞厅。我走

泰姬玛哈酒店的大厅和接待区

在泰姬玛哈酒店的屋顶
将城市的绿色尽收眼底

上台阶想要看看它，当我步入舞厅时发现自己正身处一个巨穴式的空间中，这里正在为一场婚礼做着准备。可是天哪，真是很遗憾，这里已经被改造得失去了本身的特色，很难再想象出当初的魅力和荣耀。在过去，这里尤其受到印度显贵们的青睐：在这里，公主们和土邦主的妻子们可以放下长发、穿戴上西式的时髦服饰，尽情放松，这是她们在自己的宫殿中绝不敢做的——仆人们都会带着警惕和反对的眼神盯着她们。对许多人来说，泰姬玛哈酒店曾经必定就像是魔幻般不可思议的地方。在这个房间里，公主们不会像在乡村的侯国时那样待在深闺中，她们可以随意与客人交往甚至可以跳舞。但是我担心，这些高贵的女士们现在已无法认出自己曾经总是出没的这个地方了。

清晨，我很早就起床了，为的是看看我在酒店中最后一个目的地——屋顶。我登上陡峭的楼梯，来到了一个全是通风管道和采光天窗的地方。屋顶很平，和下面的楼层一样，也由钢梁支撑，这种钢梁结构也营造出了灵活开阔的楼层空间。这在 19 世纪 90 年代是非常先进的，不过那时，撇开别的不谈，塔塔自己就是一个钢铁制造商。屋顶的边角是小一些的穹顶，外观上似乎有莫卧儿式风格。而下面八角鼓形的建筑物支撑着这些屋顶，现在看上去这些建筑要小一些，因为酒店又新加了一层楼层。我往这些穹顶的其中一个走去，它由铁片筑成，里面则是一个巨大的水缸。其他穹顶之中也有水缸，这是泰姬玛哈酒店早期引以为傲的秘密之一 ——它保证了酒店中所有浴室都随时有热水供应，这种方法在维多利亚时期的印度还尚未被发现。这太聪明了——我喜欢这种独创的、机智的现代手段与建筑的巧妙结合。塔塔和他的建筑师们知道如何最具创造性地利用现代科技，并成功将酒店打造得无比舒适、实用、坚固。虽然经历了很多变化，但泰姬玛哈酒店成功达到了最重要的目标——也是所有大酒店的目标——要唤起并实现一个幻想，给客人们带来物质上的享受和精神上的满足。这是一个经过良好判断而建的梦之剧场，在这里所有的客人都可以上演王子公主的戏码，所有人都能受到贵族一样的待遇——弥足轻重、备受呵护。

在屋顶上，我将壮丽的城市中心景色尽收眼底。我的左边是巴克湾，那里的公寓和塔楼都建在填海而造的陆地上；右边则是老城中心以及孟买湾的码头。在老城中心，19 世纪孟买的中心地带就掩映在一群 20 世纪建筑物之间。这里有大学、秘书处以及高等法院，这些宏伟的建筑物都建于 19 世纪 70 年代，这些建筑风格各自不同、纷繁眩目，反映了当时人们对印度建筑风格的探寻。看起来，中世纪欧洲的哥特式风格似乎占了主导地位——反映了当时英国的建筑品位——但在这里，哥特式风格却与许多受印度传统启发的细节相结合。我往练兵场走去，那里的标志性建筑是威尼斯哥特式秘书处和大学的钟楼——后者是受到乔托在佛罗伦萨设计的钟楼的启发，钟楼上面有一个时钟，报时会鸣响《我甜蜜的家乡》和《天佑女王》

华生酒店

（英国国歌）。但是在我到达目的地之前，我看见了建于1870 年迷人的哥特式大卫·沙逊图书馆，而其旁边是一座让人目瞪口呆的大建筑物—— 一个巨大的、腐朽的物体，生锈的铁墩上支撑着层层的廊台——这个荒凉残破的庞然大物，正是曾经著名的、仅限富贵人士的华生酒店。它曾是孟买最具声望的酒店，也是建造泰姬玛哈酒店的催化剂。

华生酒店是印度最早由标准的钢铁组件构成的预制构件建筑之一，并且是受到 1851 年伦敦万国博览会上最重要的建筑——伦敦水晶宫的启发。华生酒店于 1867 年动工，如今已是印度最古老的钢铁建筑，且在世界上具有极其重要的地位。1869 年，当酒店竣工时，它极其实用的钢铁架构在人们面前展露无遗，并震惊了整个城市，但是如今，震惊仅仅是源自于它已被完全遗弃的形象，多么不可思议、多么悲哀的荒废。我走了进去，让我惊讶的是这个地方还焕发着生气，如今在华生酒店里面住着律师和其他专业人士。这真让人惊喜——在衰败的表象下，生命在茁壮成长。人们匆匆忙忙地在坚固的铸铁楼梯上上下下，在经过我旁边时，他们对我微笑、挥手。我往更里面走去。在一片灰暗之中，我看到了玻璃顶的中庭殿堂，那里曾经是餐厅和舞厅，但如今，在乐队曾经演奏的地方垃圾已堆得小山般高。中庭四周是正在坍塌的残存的走廊，它们曾用于连接。这个地方看起来就像一则寓言——它提醒着我们，尘世间所有的壮丽都是假象，一切对物质享受的追求都将最终遭此命运。天哪！这类建筑的残骸是一幅悲哀也有益的景象，在这里，人们终于不再执迷于享受。但同时它也让人感到无比悲壮。在这里，人们可以肆意发挥想象，过往的阴灵仍然在这里徘徊不去。这正是一场“生动的”衰败。我将中庭中散发着恶臭的垃圾推到一边，发现下面镶着精美的哥特式铸铁细节装饰——它早已被人们遗忘——让人不免为之惊叹。确实，泰姬玛哈酒店华丽无比，但是对我而言，华生酒店才是真正的乐趣所在。

极致的视觉美、完美协调的比例——巴尔巴罗别墅*（马塞尔，意大利）

500 年前，安德烈亚·帕拉弟奥❶出生于意大利北部，但直到今天，他设计的建筑还依然能让人感到惊讶、喜悦与振奋。帕拉弟奥是意大利文艺复兴晚期最重要的建筑师，他对自己心目中的美之核心有着很好的把握，由此设计出来的建筑物给人带来了极致的视觉享受。而我现在正要去参观他最精致的作品之一，去探索其中的奥秘。

我驱车来到维琴察市附近的乡村，许多威尼斯贵族都曾在这里选择了一片苍翠富饶的土地作为自己的别苑所在地。我来到马萨尔村，看到了一个带有门廊的圆顶教堂，其设计灵感来源于古罗马万神庙。1549 年，一对威尼斯

* 又译为“巴尔巴罗庄园”。——译者

❶ 被认为是西方建筑史上最有影响力的人，他的设计模型对欧洲的建筑风格造成了很深远的影响；对源自他的风格的模仿持续了 3 个世纪。帕拉弟奥式的建筑主要是根据古罗马和希腊的传统建筑的对称思想和价值。——译者

古罗马万神庙遗址

巴尔巴罗别墅
大门

兄弟——达尼埃莱和马肯托尼欧·巴尔巴罗——委任帕拉弟奥来设计这座教堂，还有附近的巴尔巴罗别墅的任务。两兄弟都来自于富裕人家，很有教养，并且与威尼斯的政治、宗教、艺术生活息息相关。他们希望帕拉弟奥能为他们打造一个完美的家—— 一个能让他们逃离城市官邸又美得无可挑剔的地方。他们想要一座雅致舒适、赏心悦目的别墅，而当夏季高温带来的恶臭使威尼斯成为一个难以忍受的、不卫生的地方时，他们就可以到别墅度过一年中的大部分时光。

别墅坐落在一片高起的坡地上，大门两侧高高的石墩

上立着精心雕刻的人像，看上去气势恢宏。最惊人的是别墅的绝对对称性，这意味着秩序、平衡与和谐。正对着别墅中央的是几根巨大的柱子，撑着一面三角楣饰，这是最早一批出现在文艺复兴时期别墅设计中的罗马神殿立面的应用，使别墅具有罗马黄金时代的庄严、高贵感。很明显，巴尔巴罗兄弟想要为他们的居住和他们的家人营造出一种古典的美感和源自于悠久血统的荣耀感。两条侧翼拱廊自别墅中央分别朝两旁延伸，一直延伸至凉亭处，而凉亭顶部则是巨大的卷轴边饰的象限仪形式[1]顶着三角楣饰，看起来非常像个剧场，使得这个别墅更有都市感——就像是个广场——能在这样的乡村中看到这样的建筑，让人有点吃惊。但更重要的是别墅中央部分的形状：从平面图上看，中间是一个正方形，但实际上它长、宽、高都相等，所以其实是一个大的正方体。这种建筑形式比例非常协调，正是帕拉弟奥最感兴趣的形式，也是他美学体系的基础。

帕拉弟奥相信：设计应该是一个理性的过程，细节应该反映出构筑技巧，而内部设计应与立面设计相一致，不

[1] 原文 quadrant scrolls，有些类似于中国的锅耳形山墙，民间俗称镬（锅）耳墙。——译者

巴尔巴罗别墅的庭院

巴尔巴罗别墅
门上的三角楣饰

要有任何累赘，比如三角墙是为了呼应倾斜的屋顶，而最大的窗户正好能照亮最大、最重要的房间。然而，当我走进这座别墅时，却发现帕拉弟奥违背了一些他自己最基本的准则，这也许是因为巴尔巴罗兄弟插手太多，也许是为了与周围的中世纪房屋保持一致而稍作调整。三角楣饰应标示出别墅主入口的位置，在它之下确实有一扇气势恢宏的大门。这里却有一件奇怪的事情，它顶端的拱心石上雕刻了一个长有古怪犄角的恶魔——我猜是某个自然之灵，就像绿精灵一样。巴尔巴罗兄弟是威尼斯人文主义圈中的一分子，他们相信所有人都有最基本的尊严和价值，也相信人们能将自己从神秘论和迷信中解放出来，并通过教育和理性思考找到一种符合伦理道德的生活方式，能够辨别是非、区分好坏。那么，他们前门上这奇异的图像意义何在？只是建筑中的一点奇思妙想吗？

我走进去，发现这根本就不是前门。或许这正是那个恶魔的意味所在——不要从这里进来。门后只是一片简洁实用的空间，却没有明显能通往楼上的道路，这太奇怪了。在设计别墅时，帕拉弟奥通常都会将底层设计得极具实用性，二楼则是主楼层，也是重点内景区。但通常这样设计时他会在底楼修建一条通往楼上的道路——通常是楼梯——这样人们就不会将两者混淆，但在这里上楼的地方却并不明显。我选择了一条过去马车走的道路，一直走到建筑尽端之一的凉亭处。站在那里顺着侧翼拱廊望下去太壮观了，规模非常宏大，建筑却极其简洁大胆。这是一条非常宏伟的漫步大道，像是要通往一幢公共建筑而不是一座别墅，它把我们从外面的世界引入别墅内部，从葡萄园、农田的乡村氛围中领进一幢可能有着最精致美妙的内景的别墅、一个博学之美的国度。

这一段走道的尽头是一个通往二楼的楼梯，我拾阶而上，进入了别墅的主楼层。我环顾四周—— 一切都不对劲。从侧面进入一栋古典建筑已经够奇怪的了，但也可以说得过去，而第一眼看见这里却似乎毫无平衡性可言，这几乎是不可行的。在我的左侧是一个大型的筒形穹隆顶的十字厅，我正好站在它的对角线上，看上去比例并不是非常令人满意。帕拉弟奥曾以十字厅做过一两次实验——通常十字厅在平面图上来看是正方形或者长方形，而实际是一个立方

进入别墅主楼层的楼梯

体——现在我倒宁愿他从没有这样做过。在我的右侧是一个稍为常规的帕拉弟奥式房间，从体积看来是一个真正的立方体，而当我看见表面的装饰时，我对于平面布局和主楼层入口设计的不满之情开始有所减退。所有的墙壁，以及一部分拱形穹隆天花板上都覆上了一层湿壁画，太惊人了，这些湿壁画都是 16 世纪中期画家保罗 · 委罗内塞的作品。当我走进房间看着这些画作时，一切豁然开朗，我明白了巴尔巴罗兄弟和帕拉弟奥的意图——事实上是很不寻常的意图。这不是一座常规的别墅，它不是作为一个生活场所而被建造出来的。两个世界在这里交融：巴尔巴罗兄弟的社交世界—— 一个他们作为伟大的威尼斯公众人物而存在的世界，以及一个更加私人的家庭世界。这个大型的十字厅和这个稍小的立方体形大客厅被一个大大的门洞隔开。我看着这个门洞，发现上面有铰链的痕迹——一对大型双开门的铰链，当然了，最初这两个房间就是被双开门——实际上是一面屏障——隔开的，它在两个房间之间划了一道明确的界限，使其彼此独立开来。十字厅，会是访客们首先进入的场所，这个以教堂的感觉建造的地方是个很棒的对外场所，兄弟俩在这里接见贵客们，而这些客人可能从来都没有到过如此高大的会客厅。立方形大房间是他们私人生活的中心，并且我猜，沿着翼部的房间可以进入这里。委罗内塞的画作似乎让两个房间之间的界限更为明显。十字厅中的壁画上画着一些迷人的女乐师形象，说明这是一个用于接待的娱乐场所，稍长的那面墙的中心画着乡村风光，有些画着罗马建筑废墟——这是想象中的情景。有趣的是，帕拉弟奥设计的建筑比例十分精确，因此空间也被限定，而委罗内塞却将空间感不断延伸，他甚至在壁画中加上了立体感强而逼真的视觉陷阱，如壁柱和圆柱还添加了许多门以及边上真人大小的人物形象：一扇

酒神巴克斯与
阿里阿德涅

门后站着一名男侍者，似乎正要走进门来；另一扇门中一个小孩正在踉踉跄跄地往前走。我站在大厅中央，从这里看去委罗内塞繁复而渐渐消失的笔触和大厅错误的比例完美地结合起来。很明显，这里是巴尔巴罗兄弟想象中的世界，在这里假几乎可以乱真。太神奇了。

十字厅旁边的房间也装修得非常漂亮，从那里可以俯瞰别墅入口，而从房间的装修题材也可以看出其用途：一个房间，在筒形穹隆屋顶上画着爬满葡萄藤蔓的棚架和一副巴克斯[1]正在榨葡萄汁的形象，所以这里肯定是一个正式的餐厅；另一个房间画着辩论中的诸神，很明显，这里是正式的接见室，客人们可以在这里畅所欲言。所有画作中所涉及的典故都属于古典世界，文艺复兴时期的人文主义者相信，在古典主义的世界中，文明以及相应的道德伦理都有其根源可寻。但巴尔巴罗兄弟既是哲理人文主义者和政治家，又是国教罗马天主教的一分子——他们的所作所为必须与意大利社会保持一致。所以委罗内塞必须精心安排其象征体系中的象征形象，既要让他们与古典文化中的故事和异教神灵相关联，又要符合基督教价值观。

我从十字厅走到立方形大客厅中。墙上画着生动的阿卡狄亚式[2]田园牧歌风光，天花板上则画着奥林匹斯山[3]的景象，中间是“神圣智慧”，周围则是一些人像——分别代表七大行星、四要素[4]和四季——他们斜倚在那里，姿态高贵而冷漠。这正是达尼埃莱·巴尔巴罗[5]著作中所

❶ 原文 Bacchus，罗马人信奉的酒神，与古代希腊色雷斯人信奉的葡萄酒之神，旧称为狄俄尼索斯（dionysus）是对应的。——译者

❷ 原文 Arcadian，是希腊神话中掌管树林、田地、羊群的牧神潘主宰的领域。它位于伯罗奔尼撒半岛中部的高原地区，以田园风光和淳朴民风著称，居民主要从事游猎和畜牧。被引为幸福、淳朴的典范。西方的文艺作品中，常以“阿卡狄亚”一词形容田园牧歌式的生活。——译者

❸ 原文 Olympus，希腊神话中它的地位相当于天堂，众神、半神和他们的仆人居住在这里。——译者

❹ 西方哲学家认为土、风、火、水是构成一切物质的四大要素。——译者

❺ 达尼埃莱是一位思想家，出版人，尤其关注建筑方面。利用佩德罗·德拉弗朗切斯卡的著作，他写作了一本有影响的透视学著作，其中还讨论了多面体，书名为《透视法的实践》（16 世纪中后期出版）。——译者

描绘的宇宙和谐——可与帕拉弟奥的建筑作品中所传达的和谐相媲美。这幅湿壁画和这房间一定是在传达巴尔巴罗所追寻的完美和谐，他相信这种和谐应该在世界上占主导地位，并且给人文主义者以启迪，让他们能肯定而非挑战基督教伦理。而这座别墅—— 一座有着这样壁画和景象的别墅，正是向这样的理想世界迈进的举动，它的意义就在于将希望传递给那些能读懂它的人。但让人惊讶的是，如此超凡、富有寓意的设计中也包含了巴尔巴罗家族的肖像，他们身着 16 世纪中期盛装，从上俯瞰着这个尘世——就像来自天堂。这些围观者中最主要的人物是马肯托尼欧的妻子，她一直密切关注着家人在尘世间的生活。从这个立方体的大客厅看出去，能看到有一条狭长的通道贯穿两边侧翼建筑的房间，因为它们的门道纵向排列、连成一排，

希腊
奥林匹斯山

这样就可以从别墅的一端看到另一端——其建筑效果令人惊叹。侧翼建筑部分的房间同样装饰有湿壁画，但最引人注目的是尽头处真人大小的人像：其中一幅画着一位作猎户打扮的人，据传说，这是委罗内塞的自画像。

这个美丽的房间，庄严中透着智慧，整个家族在这里与古代诸神神交，这里是家庭生活的核心、是巴尔巴罗世界的焦点所在。最重要的是，它立方体式的形状与别墅中心区的立方体形状形成了和谐的呼应，并且帕拉弟奥自己也对该设计的原理作出了解释。1570 年，他出版了一本建筑学方面的书——《建筑四书》(I quattro libri dell'architettura)，对自己的建筑理念作了独特而深刻的讲解。此外，他还在书中改造了主要的古代建筑、公布一

巴尔巴罗别墅
两边的通道

巴尔巴罗别墅
美丽宁静的庭院

些他自己设计的更加理想化的初版，以及对建筑技巧和比例体系的探讨论述。这些论述中说明了 7 种比例法，据帕拉弟奥声称可以通过它们创造出最“美丽”的房间。而这 7 种比例法分别为圆形、正方形（1∶1）、正方形 4/3 比、正方形对角线 1.414 比、正方形 3/2 比、正方形 5/3 比、双正方形[1]。重点是这些比例法只是对同一基础单元——正方形或是其三维形式对应的立方体——做简单延伸或是让它们产生精确紧密的联系。即使是正方形对角线比——也被称作$\sqrt{2}$——如果将其延伸至$\sqrt{4}$，那就会成为一个双正方形[2]。所以这个围绕正方形而存在的比例系统能创造出一系列非常和谐的图形，每一个图形之间都紧密相连。

对帕拉弟奥而言，这种融会整合、这些比例能被相称地使用是非常重要的，而要让一栋建筑的每个部分都以一个良好的形态联系在一起，是核心所在。如果达不到这种和谐，那么美就会缺失。立方体大客厅与两侧房间的联系简单直接地表明了帕拉弟奥是如何整合一栋建筑的各种不同要素的。左右两侧的房间大小相等、比例一致，以这个立方体大客厅为中心呈对称构图。但是这对侧翼房间在平面布局上不是正方形，而是双正方形的形状——长是宽的两倍，且长度与立方体大客厅的长、宽边长相等。当然了，双正方形也是帕拉弟奥的理想比例之一，而这三个房间的细节设计都相互关联。比如窗口是正方形，那么门洞就是双正方形。所以这些房间或是整栋房屋的设置是相互联系、比例非常协调的，它们之间可以共鸣呼应，如同一首精心谱出的乐曲。

❶ 此处的比例都是以正方形的边长为 1，出现的矩形的第二条边的数据。——译者

❷ 正方形边长比例为 1:1；正方形对角线比形成的矩形边长比例为 1: $\sqrt{2}$；如果是将$\sqrt{2}$ 延伸至$\sqrt{4}$，开出来 2，边长比例 1:2，就会形成双正方形。——译者

在15至16世纪的意大利，美不仅仅是一种感官享受。对帕拉弟奥和文艺复兴时期的其他艺术家而言，协调的比例所营造的美正是上帝之创造的证明。他们相信，这些比例是一种不可动摇的、神圣的法则，自然界中的美就是这样创造出来的。人们所需要做的，就是在自己的工作中观察、理解、模仿大自然来创造美。对巴尔巴罗兄弟这样的人文主义者来说，美是信仰的产物——是对上帝的旨意和神圣智慧的理性展示；而美所带来的愉悦感被看做是仁慈的神灵存在的证据。达尼埃莱·巴尔巴罗既是一位政治家，也是一名教士，同时还是一名建筑理论家，曾于1556年出版了罗马建筑师维特鲁威著作的译本[1]。他在工作上与帕拉弟奥有密切接触，他的一些观点正好可以解释别墅的设计和帕拉弟奥的意图。而正是由于他们共同的努力，帕

[1] 将拉丁语译成意大利语。
——译者

巴尔巴罗别墅
后庭中央的水池

拉弟奥和巴尔巴罗家族在此间力求创造出一个建筑作品，既可以唤起古典时代的文化价值观念，同时又能展现对称性和协调比例体系在创造视觉美中所具有的强大魔力。

离开了立方形大客厅后，我便来到了后庭，也许是因为别墅坐落于一片斜坡上，别墅二楼与后庭处于相同水平高度。别墅后部设计非常简洁，每端都有一排房屋，它们最初是作为农田办公室、酿酒屋和鸽房而存在，鸽房中还养着一些可用来食用的禽类。这样的别墅不仅仅是具有建筑美感的愉悦之所，同时——以罗马别墅为例——还可作为农场功能使用。在后庭中央有一个水池,它是一个缩影，反映出了实用性、装饰性和象征性的融合。水池里面装满了鱼——非常实用——同时它也是一个半月形寺庙的中心装饰，这种寺庙叫做水神庙，是用来歌颂水的神圣力量，在罗马别墅中很常见。这个水神庙上装饰有神祇、女神和其他神话形象，其中包括河神的两个大塑像和男像柱——他们用自己的肩膀扛起了整个世界。人们普遍认为这个水神庙过于浮华，是一个纯粹的装饰品，不太可能是帕拉弟奥的作品，或许是巴尔巴罗兄弟之一设计的。具体情况我也无从知晓。在感受这个别墅时，后庭显得尤为重要，因为别墅景观视野在这里终止——从十字厅穿过大客厅再到这里。也许水池的使用——不管是从装饰性还是实用性来说——是帕拉弟奥的想法，而这些格格不入的水神庙细节设计则是源于巴尔巴罗兄弟。

我回到别墅，坐在大客厅里。帕拉弟奥建筑的秘密、他所认为的美和视觉享受的核心，就是一系列协调的比例，并且他相信这些比例来源十分神圣，是上帝创造的构建体块。他是对的吗？他的比例体系是纯主观还是真的具有绝对的、客观的力量？这就仁者见仁、智者见智了。可以肯定的是，帕拉弟奥所使用的比例正方体、球体、$\sqrt{2}$比例——已在不同文明中沿用了上千年，从古埃及人、希腊人、印度教徒、穆斯林，再到哥特式主教堂的设计者们。所以，如果要说这些比例反映了自然之和谐、创造之和谐，那也是不无道理的。

巴尔巴罗别墅中的雕像

同样可以肯定的是在过去的近 500 年中，帕拉弟奥设计的建筑给世界各地一代又一代的人们带来激励和享受。必须承认的是，他所使用的比例确实有效。我游走于十字厅和大客厅中，享受着这各种形式组合、重组，又最终归于最基本理想比例的方式。没错，这就是会给人以愉悦享受的建筑。当我抬头望向天穹——神明居住的地方——我看到马肯托尼欧的妻子在向下朝我微笑，她也这么认为。

蓝天映衬下的
新天鹅堡

建造空中城堡的快乐——
新天鹅堡（巴伐利亚，德国）

我来到巴伐利亚施万高，想要看一下这个童话一样的地方，这座城市的建造者将自己的幻想变为真正的建筑，并从中获得了极大的快乐。这里是路德维希二世，即童话国王的国度，他沉溺于这些建筑之中，以此逃避残酷的现实、逃离他自己。新天鹅堡——这座城堡就矗立在我面前的山丘之上，它始建于 1869 年，是路德维希统治时期中最了不起的建筑成就。从形式及装饰上来看，这座城堡是哥特式幻想、巴伐利亚民间神话、亚瑟王朝政传奇和剧院式罗马天主教画像的结合体。这座了不起的建筑坐落在一片令人叹为观止的风景中，而这片风景正是路德维希自儿时起就浮想联翩的灵感来源。最终，他也将自己藏在这座建筑中享受着这绝妙的独处和精神的解放。但是这种快乐并没有延续下去，正是在这座新天鹅堡中，悲剧突然向他袭来；也正是在这座给人以轻快之感的城堡中，他迎来了悲剧而又意外的死亡——真是极大的讽刺。

路德维希出生于1845年，是国王马克西米利安二世的长子。他的父亲从路德维希一世——路德维希的祖父手中接过了王位，却在与一位名为洛拉·蒙特兹的“西班牙”舞蹈家传出丑闻后不得不引咎退位，因为这位舞蹈家实际上是一名英国家庭妇女。路德维希的童年非常悲惨，母亲与父亲都对他漠不关心、视而不见，在学校里又遭到残忍对待，在这样的状况下他将自己深藏于内心世界中，那里充满着浪漫的幻想和中世纪神话。

年仅18岁时，路德维希登上了王位，很快，他就发现巴伐利亚以及他自己正处在一个非常艰难的环境中。1866年，巴伐利亚成为普鲁士属国，并在1871年并入了普鲁士统治下的德意志帝国。登基后短短数年内，路德维希就不再是一名独立的君主，而更像是德意志帝国操纵下的傀儡皇帝。但在路德维希眼里，他是浪漫的中

冬季的
新天鹅堡

充满想象力的
梦之城堡

世纪理想中的王中之王，是公正、天命所在，是绝对的君主。他幻想成为一名伟大的、权利之巅的基督教国王——他也幻想别的事。路德维希和其他大多数人都清楚地知道，他是一名同性恋者。而路德维希似乎认识到对他而言，追求同性所带来的生理快感和成为一名基督教国王几乎不可能达成一致；在他看来，爱似乎是一种非常神圣的力量，但是一旦放任自己的爱，那只会招致罪孽——就如同他悲剧般的状态。对路德维希来说，从痛苦中逃离的一种方式就是将自己所有的精力和热情都投入到建筑上来——这是唯一一种能为他带来创造性快乐的方式。

我爬上通往城堡的山丘，在路上转过一个弯，便看到城堡的尖塔在上方高高地耸立着，看上去太浪漫了，太不可思议了。这是梦之城堡，它充满了想象力——融入了一点现实——因此，我猜，它正是对路德维希精确而又神秘的影射。城堡坐落于一座低峰之上，一侧矗立着蒂罗尔州阿尔卑斯山脉，另一侧是宽广的平原。这座城堡看上去像是处于世界屋脊之上，是一个能让人完全从现实世界逃离开来的地方。城堡浪漫的设计构思来源于剧院布景绘画师朱利叶斯·扬克，而设计平面图的绘制与执行则是建筑师爱德华·里德尔和格奥尔格·多尔曼，但新天鹅堡真正的创意力量是路德维希自己，最重要的灵感则是来自于作曲家理查德·瓦格纳。

1858 年，路德维希第一次听说艺术领域的中坚力量瓦格纳，当时他的家庭教师和他讲到了瓦格纳即将面世的歌剧《罗恩格林》[1]，讲到那英勇纯洁的“天鹅骑士”，路德维希被深深地触动了。施万高——即天鹅镇——中皇家小屋的墙上都装饰着天鹅骑士罗恩格林的湿壁画，而天鹅骑士的传说也成为了路德维希避世幻想的核心。他设法得到了一本瓦格纳的歌剧剧本，并被其深深地吸引住了。王子和这名作曲家似乎是彼此的知音。1863 年，路德维希终于有机会表达对瓦格纳的热情。当时瓦格纳发表了剧作

[1] 原文 Lohengrin，这是德国作曲家瓦格纳创作的一部三幕浪漫歌剧。歌剧灵感来源于中世纪沃尔夫拉姆·冯埃森巴赫的诗篇《提特雷尔》和《帕西法尔》。主角罗恩格林是圣杯骑士，是帕西法尔之子。中世纪时期布拉班特公国与匈牙利战斗前夕，王女梦到上帝派遣神使护卫战争，而后出现在由天鹅拉着的小船上站着的一位骑士，也称为天鹅骑士。

——译者

城堡一侧是宽广的平原

路德维希
画像

雾中的
新天鹅堡

《尼伯龙根的指环》，并在序言中对德国戏剧的悲惨境地发表了自己的看法，他哀叹道，如果《尼伯龙根的指环》想要上映，必须要找到一位懂得艺术、又肯为之费心费力的日耳曼国君。路德维希注意到了这一点，在他看来，对这位他一直崇拜却未曾谋面的英雄来说，这是一个巨大的挑战，因此他下定决心要成为瓦格纳需要的那名国君。次年，路德维希的父亲去世，他登上王位——机会来了。在登基后几天之内，路德维希便邀请瓦格纳来到慕尼黑，只在他幻想中存在的友谊最终成为了现实。两人似乎都对彼此十分倾慕。路德维希相信，这个人让他找到了自己迷恋过往的意义，同时，这个人通过他的歌剧复兴了德国文化——实际上是通过古典骑士精神创造了一种现代日耳曼民族特性。而瓦格纳则为路德维希的关注而受宠若惊，同时毫无疑问地，路德维希对中世纪神话的钟情又让他印象深刻，他曾这样写道："路德维希对我的一切都非常了解——像我自己的灵魂一样了解我。"同时，瓦格纳对于路德维希必然也是非常感激的，因为路德维希用自己的实际行动给予了他极大的支持：这位国王还清了瓦格纳所有的债务，将他安置在慕尼黑一所别墅中，并出资完成了《尼伯龙根的指环》所有创作。事实上，正是因为路德维希对瓦格纳不遗余力的支持才使得这位作曲家在 1865 年年底不得不离开慕尼黑，以平息人们日渐严重的猜疑。但两人之间并没有出现隔阂。瓦格纳知道如果自己因艺术和激情而遭迫害将意味着什么，而国王和这位作曲家的友谊依然生死不渝。

也许是因为与瓦格纳这样的分离，也是为了从慕尼黑朝政中无趣且压抑的氛围中逃离出来，路德维希决意要在一座真正的中世纪古堡废墟之处上修建新天鹅堡。这座城堡不仅仅是一个避世之所，同样也是为了纪念瓦格纳和他歌剧中虚构的骑士和国君。设计之初，路德维希将图林根州的瓦尔特堡作为模板，瓦格纳曾经以此处为歌剧《唐怀瑟》一些主场景的背景。路德维希想让新天鹅堡成为他自己的圣杯城堡[1]——在帕西法尔的故事中，人们可以在这里得到救赎、得到原谅。

[1] 即传说中名为蒙沙瓦（Monsalvat）的城堡，为守护圣矛与圣杯而修建。传说盛过耶稣基督圣血的酒杯，也就是圣杯，与士兵刺穿耶稣肋下的圣矛，被天使交托给纯洁的骑士提督瑞尔。提督瑞尔在法国与西班牙之间的比利牛斯山上修建了守护城堡，而只有被圣杯选择的纯洁的人才能发现通往圣杯城堡的道路。

——译者

我从主大门走进外庭，城堡就矗立在我面前，它的外形和哥特式细节让它看上去就像处在童话中一般。路德维希为他戏剧性的生活创造了一个绝佳的体验舞台。这座城堡不仅仅是一座建筑——更像是走进了一个深受痛苦之人的内心和思想。我穿过大门，发现我自己站在一个螺旋式楼梯下，这个楼梯由石头建成，装饰得非常华丽。人们可以通过这个楼梯到达城堡内部几个完全不同的世界中。事实上，虽然城堡外表看来似乎格局十分不规则，但却是经过了精心的布局设计。城堡顶层是国宾厅 / 谒见室，它与国王

城堡主大门

城堡的王殿室

寝殿隔绝开来，显得干净利落。下一层则是些客房，客房之下则是一些更为实用的空间。我走上楼梯，来到了这个城堡中最具象征意义、最重要的地方——王殿 / 王座室，其中最显眼的便是它的设计——以拜占庭教堂为蓝图，凸显了路德维希对君权神授以及受膏[1]为王的信念。地板上画着布满各种动植物的陆地，整幅画呈圆形，意味着生命的轮回—— 一切都带有佛教色彩。上方的天花板上盘踞着太阳和繁星点点的天空景象，而王座则安放在本应用来放置神坛的半圆形后殿中。王座应以象牙制成，象征着王权的纯粹，但它却从未被安放在这里。也许在路德维希幻想的世界中，这里从不是用来放置王座的地方，这个房间不是为他而建，而是为一位理想中的国王——也许是一位他可以成为的国王而建。受到帕西法尔及其子罗恩格林传说的启发，这个房间是为"那位未知的圣杯国王"而存在，为了这位已被净化、理想化的统治者有一天将会突然出现，获取这个本属于他的地方。王座放置处之上绘制着六位完美的基督教国王形象，他们都用实际行动以正自身君王身份。再往上是执行审判的耶稣，他坐于彩虹上，就像《圣经 · 启示录》中描述的那样。墙壁的其他地方画着摩西接受上帝传授的十诫——这是基督王权的寓意暗号——12使徒则是这神圣诫命的捍卫者。

[1] 原文 anointed，受膏，也称为涂油礼，人和事物受膏，标志着其引入了神圣的能力、灵或神，也可视为使人或事物摆脱魔鬼危险的影响（引起疾病）的一种精神方式。——译者

　　这是一个充满力量又让人迷惑不解的地方。在这里，路德维希为王权创造了一个圣堂，一个神圣的领域，但似乎却又将他自己从这里驱逐出去。身为一名同性恋者，且没能成为一位理想中的君王，他的愧疚之感似乎已让他无地自容。我站在王座放置处，细细审视着路德维希命定的这个世界，却被对面一幅巨大的壁画吸引了我的目光。那上面显示着圣 · 乔治正与巨龙战斗得难解难分，而我注意到这场战斗发生在一个陡峭的悬崖之下，悬崖之上坐落的

王殿室中的壁画

王殿室细部

就是新天鹅堡，而在圣·乔治的头盔之上戴着天鹅纹饰。当然了，这是路德维希自己的画像，他将自己看做是天鹅骑士，并用这幅壁画提醒自己：只有通过抗争并征服物质的邪恶面——包括自己的欲望——才能得到救赎。

我回到台阶上，往城堡顶层走去，前往城堡最大的房间——歌唱厅。那是一间十分宏伟的房间，采用开阔的木质屋顶结构，大厅的一端有一个讲台和游吟诗人的楼座廊台。这是对骑士传说和瓦格纳作品的颂扬，非常壮观。大厅的墙面上讲述了更多关于帕西法尔和他追寻圣杯的故事——这一切都是受到瓦格纳歌剧的启发。

我沿着楼梯往下走，想要去探索路德维希的私人寝殿，它就处在歌唱厅下方。在这个奇妙的城堡里，路德维希在这里过着完全独居的生活。寝宫里有间小的用餐厅，凌晨时分路德维希会在这里饮宴、与幻想中的客人们聊天，这

城堡内部装饰细节

些来自过去的伟大人物受到路德维希的邀请来到这里，陪他度过漫漫长夜。旁边是国王的卧室。卧床本身也是盛期哥特式风格，看上去非常神圣尊贵，就像是一位圣人的圣坛。国王的枕头上方是圣母玛利亚的肖像，它一直严苛地提醒着国王，要保持纯洁的爱。事实上，整间卧房的设计都志在与情欲等感官享受作斗争：墙上画着特里斯坦与伊索尔德的故事——画风非常华丽。这是一段发生在亚瑟王宫廷中的爱情悲剧，在这段禁忌之恋中，他们只有通过死亡才能得到救赎。走出卧室是一间小小的祈祷室，我猜想，路德维希很多时候都会跪在这里祈求原谅。卧室稍远一点是一个更加奇怪的地方—— 一个人工洞室，其灵感来源于瓦格纳《唐怀瑟》中的维纳斯之洞穴。这间房间设计得非常不合情理，完全是背弃大自然原理的。洞穴本应被深埋于地下，在它原本该在的地方，而这个人工洞室却高耸于山巅之上，并且这里的一切都不是天然形成的：岩石是仿造的，怪

路德维希的卧室

城堡内廊柱细部

异的光亮则来自于电灯。在这里，路德维希利用一根导管聆听着上方大厅里传来的歌者之声——完全是一副被驱逐者的形象，一个在幻想和错觉的世界中游荡的人。

我离开了国王的寝殿，来到下面一层楼。这也是一个让人震惊的地方，但是是一种全然不同的震惊。这一层楼是为访客而设，但是一直没有完工，因为它从未派上过用场——路德维希没有访客。瓦格纳，新天鹅堡的建造灵感来源，从来没有来过这里。1880 年 11 月，他为路德维希做了一场私人表演，表演内容为他的歌剧《帕西法尔》序曲，此后两人再也没能重见。《帕西法尔》是路德维希心目中无比神圣的作品，而他似乎并不喜欢瓦格纳在将其排演成歌剧时展现出来的随意性。我在这层空空的房子中徘徊。从很大程度上来说，新天鹅堡是 19 世纪人们梦想之中中世纪式的完美浪漫之缩影。新天鹅堡中高高竖起的尖塔表明，这座城堡是哥特式复兴的极致表达，同时，它也印证了一个信念——从艺术角度而言，无论如何，前进的道路终究还是要回归过去。但从这层尚未完工的楼层可以看出，路德维希并不热衷于完全沿用过去的建筑形式，而更倾向于现代哥特式，这种风格将过去的样式和当代的技术相结合。当我走进这几间尚未装修的房间时，发现这层楼并没有刻意模仿真正的中世纪风格建筑：墙壁是由硬砖建造的，外面覆上石块，再加上金属材料，这样墙壁就既坚固又防火。整栋建筑都是通过热风系统供热，用电灯来照明，并装置有卓越的现代管道系统。

未等到城堡完工，路德维希的世界已经分崩离析。这位国王没有自己的私人财产，因此所有的建筑项目经费都来源于政府资金，再加上他几乎完全活在自己幻想的世界中、不理朝政，以至于越来越多位高权重的臣民们对路德维希的统治愈发不满。1886 年 6 月，路德维希被人从床上拽了起来，之后被人囚禁。人们发布公告称他已精神失常，并让他的叔叔摄政。路德维希被匆忙押往附近的伯格宫，两天后，他和那名声称他已精神失常的医生溺死于施坦贝尔格湖中。人们在湖边找到了他们的尸体——现在有一个简单的十字架标出了那个地方。这是自杀吗——是路德维希想要和特里斯坦通过死亡获得救赎？抑或是谋杀？这名医生是因为想要救起路德维希才溺水身亡还是因为目睹了国王被人谋杀才被灭口？这依然是个谜。可以确认的是，除去这样一位怪异、特立独行的君王，很多人都可以从中获利。

夕阳西下，我站在这令人悲伤的十字架旁，回想着路德维希的传奇故事。在死亡之际，他在人们眼中是一个神经错乱的挥霍者，他的城堡被人视为荒唐的、代价高昂却劳而无功的事物。但是如今，路德维希是巴伐利亚的英雄，一个比起战争更醉心于艺术和美的人，同时他的城堡是巴伐利亚建筑独特风格的最好体现。他的建筑——他最大的快乐源泉——使他得以继续存在下去，永垂不朽。

夕阳中的新天鹅堡
游人如织

庞培的广场

生活的乐趣，因灾难而定格——
庞培（意大利）

我在一个春日周六的黄昏到达庞培，发现我正处于一个现代城市的中心——实际上是附近那不勒斯的郊区。主广场上人山人海，一片生机盎然，四处弥漫着欢乐的气息，似乎每个人都只关注此刻的快乐和未知之事。庞培——这个罗马城市——因充满欢乐并盛产葡萄酒、香水和精致的珠宝而闻名。来自罗马的游客们会蜂拥至庞培及那不勒斯海湾周边地区，来享受这里悠闲、文雅又奢华的生活，这种生活方式早在坎帕尼亚还是希腊殖民地之时就已形成，并在过去的几个世纪中不断演化。

但当我坐在广场上欣赏美景时，却察觉到一种如幽灵一般挥之不去的存在。在这充满了耀眼生命的舞台的不远处，是一座被遗弃的城市，它笼罩在一片昏暗之中。那是死亡的国度，在短短几个小时之内，数千条生命以极其恐怖的方式死去，这些人似乎都是大自然突然而又强烈之愤怒的受害者。几分钟之内，一片人间乐土成为了地狱，一片原本青翠的土地变得荒凉不堪、阴冷无比。虽然庞培突然消亡的故事众所周知,但依然保留令人之震惊的威慑力。

公元 62 年，一场大地震给这座城市带来了极其严重的破坏。城市恢复得非常缓慢，但到公元 79 年为止，重建工作已基本完成，人口已稳定下来，经济状况也有很大好转。然而，在 8 月 20 日左右，几场小地震袭击了那不勒斯海湾，虽然只对建筑物造成了极小的破坏，但庞培人民会怎么想？难道人真的能被闪电击中两次？小地震持续不止，到 22 日时人们渐渐开始清楚意识到，不管地表之下酝酿着什么，事情都很有可能更加恶化。24 日早上，这场即将到来的灾难初现端倪：维苏威火山突然开始活跃起来，火山喷发了一次，空气中弥漫着硫黄味的烟雾和细灰，白色滚烫的岩浆开始流向平原。那些还留在维苏威火山周围的人们——不管是在别墅里还是农场上——都终于意识到这个可怕的事实：他们即将面临的不是另一场地震，而是更为可怕的东西。

维苏威火山爆发后的尸体遗骸

8 月 24 日早上 10 点至中午之间，维苏威火山第二次喷发，这一次更具有爆发力，几乎快将火山的顶部给冲翻。火山灰和浮石的涌流呼啸着不断地向空中喷发，高度可

火山喷发

达 20 多千米。在风力和重力的作用下，这些喷发物落在了火山边缘和周围的土地上，落在了孤立的别墅和农田中，也落在了庞培和附近的赫库兰尼姆。当时身在那不勒斯一侧之海湾的小普林尼目睹并详细记录了这一切。从他的描述中可以看出当时人们的惊骇和极其不安的感觉。似乎那就是世界末日了。普林尼看见大片的灰尘和碎石形成了巨大的日本金松树形状——或者按照我们现在的说法，蘑菇云。据估计，在接下来的 24 小时中，火山爆发造成的威力是投向广岛的那枚原子弹的 10 万倍。这“恐怖的黑云”，普林尼写道，“被闪电撕裂，它翻滚着，喷射出碎石，即将形成一场巨大的火焰”并且“很快就蔓延开来，冲破云层，笼罩着整片海面。”紧随这巨大、翻滚的黑云而来的，是一场灰尘的喷发。在灰烬和黑暗的笼罩中，是各种恐惧惊惶的声音："你可以听见女人们的悲鸣、小孩们的哭泣、男人们的呐喊…… 许多人高举双手向神灵求救，更多的人甚至相信已经没有神灵了，对世界而言，这是最后一个永无止境的夜晚。"

第一次大爆发后，灰烬形成的密云和像卵石一样的浮岩很快就开始吞噬庞培。几分钟之内街道就覆满了厚厚的火山碎片，地面也开始被黑暗笼罩，随之而来的还有有毒气体和偶尔更大的火山弹。人们伤痛、惊恐、不知所措、难以呼吸。那些在开阔地方的人们试图从中逃离，成功的几率却微乎其微。大多数人都被地上厚厚的灰尘和石块拖慢了脚步，被滚烫的烟灰和热气呛住了喉咙，以至于他们在逃出几百米后便倒下、死去，很快他们的尸体又被厚厚的碎片覆盖。

庞培古城火山爆发

大约傍晚 7 点左右，维苏威再一次喷发——这一次伴随着更大的轰鸣——更多的烟尘、更大的石块开始向这座城市袭来。直至晚上 11 点左右，火山的喷发力再也撑不住上方物体的巨大重量，因而火山中喷发出来的气体也被遏制住了。这两股猛烈的力量之间形成了一种怪异的平

庞培古城

衡，火山暂时平静下来。现在似乎正是逃离这座城市的好时机，然而，那些试图逃离的人们却在几分钟之内就倒在了这层厚厚的积灰上，因为火山进入了一个全新的、真正可怕的喷发期。火山喷发的热气没有被那些向下压的重量阻止太久，事实上，它们根本就没有被阻止。喷发的热气——在地心的作用下滚烫无比——很快就与下行的热气和火山碎片融合，从火山一侧咆哮而去。随着热气的喷发，这一次火山完完全全地爆发了。火山碎屑一共袭击了庞培和赫库兰尼姆 6 次，这仅仅是第一次。这些碎屑温度高达 400 ~ 600℃，流动速度达每小时 160 多千米，而旋风中——氧气含量极低、毒性却高——则全是弹片状的火山碎片。所有的建筑瞬间全被摧毁或被烧成了焦炭；人们的尸体被撕成碎片，还来不及燃烧就已被烤焦。这些滚烫的火山碎屑流唯一的仁慈之处在于，它们可以立即致人死亡。

庞培的
农牧神之屋

清晨时分，我进入庞培，相对于那些会陆续到达的大群游客们，提早了好几个小时。在清晨低低的阳光照射下，一些被毁坏的地方还藏在阴影中，空旷的大街上回荡着我的脚步声，此时的庞培城是地球上最令人胆怯和发人深省的地方。这座城曾被灰烬和火山碎片掩埋，经过一段时间对财物和建造材料的抢救之后，它逐渐被人们遗忘了。火山喷发造成的破坏程度太深，城市的修复、重建都是根本不可能的。对罗马世界来说，这里再也不是他们美丽的、曾深爱的、充满欢笑的城市，这里已经无法复原了——这是大自然之力量的一场惊人的、清楚的示威。一直到 18

世纪中期，庞培才再度焕发生机，人们开始认真对城市进行挖掘。废墟中隐藏的秘密慢慢被揭示开来，但速度极其缓慢，直到现在这个城市仍有三分之一被埋于灰烬之中。

庞培的讽刺之处在于，正是因为城中所有的生命都毁灭得如此突然，才使得一切被保留了下来以供子孙后代了解。在短短几个小时之内，庞培从一座生机勃勃、发展中的城市变为了历史上的一个记录，成为了时间长河中被冰封的一瞬。它的废墟提供了一座具有 2000 年历史之城市的残影，即使记载的是庞培最悲惨的那一刻，可铭刻于庞培城中的信息讲述的不仅仅是那个击溃整座城市的结果，同时也反映了罗马人的日常生活。我走在这些废墟中，看着这些留存下的壁画、手工制品以及奇迹般保存下来的城市生活的片段，想要了解这些早已死去的人们，想了解他们的担忧、他们的兴趣和他们的愿望。我想要知道，他们是如何满怀热情、保持愉悦的。

当悲剧袭来时，庞培是一座较为古老的城市，它似乎是在公元前 6 世纪由一群被称为奥西人的意大利族群所建。公元前 5 世纪时，它开始被希腊和撒姆尼人统治，直到公元前 89 年，罗马征服了庞培。因为常年被不同的民族统治，庞培形成了一种独特的风格。它带有所有罗马城市的特质——大门和城墙，两侧是公共建筑的大论坛广场[1]，巴西利卡[2]和朱庇特神殿，随处可见的公共浴场、剧院和圆形露天竞技场——大部分城市规划非常有规则，

❶ 原文 forum，古罗马城镇进行法律和政治活动的（公共）广场（或市场、会场）。——译者

❷ 原文 Basilica，源于古希腊，原意是“王者之厅”的意思，是对君主或者最高贵族执政官办公建筑的称呼。罗马时期成为建筑结构的名称，其特点是平面呈长方形，后来的教堂建筑即源于巴西利卡。在天主教的用词中，“巴西利卡”是授予拥有特殊地位的大教堂的称号，中文称为“宗座圣殿”。——译者

街道呈直角网格状。但这个城市也具有不规则性，尤其是论坛广场后面错综复杂的街道——从这可以看出奥西族人曾居住的地方。现在在庞培城中漫步，我立刻注意到了这里的奢华。最大的商业街上排列着商店和酒馆的残骸，而在更高级的住宅区街道中则有房屋的废墟，这些房屋尺寸非常惊人，通常包括宽广的、有柱廊的庭院和花园，也称为列柱廊。我正要去参观其中一间房屋，经过一大片有围墙的花园，如今里面已长满了葡萄藤。在这里我可以遇见那些生于此、死于此的人们：那些没能从火山爆发中逃离的人们的尸体在这里排成一排，有男有女，也有小孩，他们垂死前的挣扎全部被记录了下来。从他们的姿势可以看

阿波罗神庙

出，这些将头埋在双臂中或是身体紧紧蜷缩的人，都是死于火山碎屑的涌流之中。他们的尸体埋葬于灰烬中，腐烂至最后只剩下少许骨头和灰烬中的一些空隙，而外在的灰烬渐渐结实，形成了中空的模子。那些挖掘者们在最初发现这些空洞时非常迷惑，直到这可怕的事实逐渐浮出水面。19 世纪 70 年代，人们利用模具铸造了一系列这样的模型。

圆形露天竞技场

我继续往前走，从死者的遗体处走到了他们生前曾留下的遗迹处。我来到一条狭窄的街道，路面铺着不规则的大石块，在这条走道两旁偶尔会有高高的大石板，这样那些步行的人们可以踩在上面避过路面上的泥沼。街道两旁有单层的石头建筑，一些建筑中有几间小房间，它们原本都是商店或者酒馆。处处都可以看到灰泥和鲜艳的画作留下的痕迹，曾经必定使得这些石墙显得生机勃勃。这条街上房屋的地理位置更好，它们采用浅白色、黄赭石和深红色的墙体，上面的楼层经过了精心的装修—— 一定曾是一番光彩夺目的景象。我来到了想要参观的那间房子。当我迈过门槛时，第一眼看见的是一大幅画像，上面画着一个长着巨大生殖器的男人——他是普里阿普斯[1]，即生殖之神，而且是花园的守护神，并保护人们远离嫉妒的邪恶之眼。他是在告诫每个踏进这间屋子里的人：不要嫉妒这家主人的财产、不要从他们的树上偷水果。用现代人的眼光看来，这幅画非常的了不起——但罗马人并不这样想。生殖器的大小代表着健康、快乐和生育的魅力，它提醒着我们人类

[1] 原文 Priapus，是希腊神话中的生殖之神，他是酒神狄俄倪索斯和阿佛洛狄忒之子，是家畜、园艺、果树、蜜蜂的保护神。——译者

柱廊前
神的雕像

享受了神灵赐予的礼物——通过性的交合繁衍后代。在这幅特别的画像中，一袋金子和这个巨大的勃起物被放在一起比较重量，这旨在向人们说明，健康的价值堪比黄金。现在看来这可能很幽默——可能他们是故意这样来做消遣，因为罗马人相信笑声是对抗邪恶的强大咒语。但对大多数来这所房子参观的人而言，普里阿普斯只是他们所看见的这幅画像，虽然这幅画让很多人忍俊不禁，但看起来还是会觉得有点可怕。普里阿普斯这幅画像另外一个细节之处则具有一定的启迪意义——他戴着罗马自由人的红色毡制弗里几亚帽。通过这个我们可以对火山爆发时住在这个房子里的家族有一定了解。

威提乌斯一家是罗马自由人，于是，他们也是在罗马社会生活中承担着非常特殊之角色的一个社会群体中的一员。公元 1 世纪的意大利存在着大量的奴隶——在庞培，大约 1/3 的人口都是奴役身份。奴隶们可能会受到极其粗暴、极其残忍的待遇，对那些在农场、煤矿、或者是帆船上做苦工的奴隶来说更是如此。但是家庭奴隶的生活就好过的多了，对他们来说，要想获得自由是极有可能的事。他们可以把自己的自由挣回来、赢回来，或是在主人 / 女主人死去的时候被赋予自由，同时，由于奴隶们来自帝国中的不同种族、文化背景和社会团体，因此社会上对奴隶并没有根深蒂固的种族歧视。奴隶们一旦成为自由人，就可以随意融入社会，并可以和那些生来就自由的市民一样，在同等条件下发展。因为意大利奴隶人数众多，且具有这种准予自由的传统，公元 1 世纪时，自由人已成为了社会中一个重要的群体，并因他们的商业头脑和强大的野心而享有盛名。清楚且可预见的是，自由人被

大论坛广场，
远处是维苏威火山

意大利古罗马
废墟遗址

庞培古城
街道遗址

一股强大的欲望驱使着，想要树立地位、证明自己，要在世界上迎头赶上、做出成绩、成就自我。

我急于知道这户富裕的自由人家的世界——在火山爆发时家中的主人是奥乌鲁斯·威提乌斯·康维维亚和奥乌鲁斯·威提乌斯·荷瑞斯提涂图斯。我走进房屋第一间主室，急于了解他们的世界。这里是中庭正厅，是一间典型的罗马首要房室。房间非常高，带有天窗，中间有一个水池——也就是所谓的受雨天井，这些设计都是为了让这间房间在夏季保持凉爽。而围绕着中庭的是一些用作卧室的小房间，其中有一个空缺，引向一个楼梯，通往那不复存在的楼层，而中庭对面又是另一个门洞，从那里可以走到一个被厨房围出的小庭院中。这个中庭是个非常不可思议的空间——从很大程度上来说，这里是整栋房屋中家庭日常生活的中心。通常，中庭的一端是一个宗谱室，一家之主会在这里迎接客人，而家族的标志——荣誉先祖的面像、半身像和家族卷宗都在这里存放或是展示出来。但在威提乌斯宅中却没有这个宗谱室，这就值得注意了。我猜，这户曾身为奴隶的暴发户家庭并没有几个可以引以为傲的祖先，但为了填补宗谱室的空缺，中庭里面有两个巨大的珠宝箱，奢华地炫耀着可供这家人随意使用的财富。我想，就如墙上铭刻着的主人名——荷瑞斯提涂图斯和康维维亚所暗示的那样，财富就是他们的家谱。

从这个中庭可以看到这座房屋的殊荣之处——列柱

庞培古城
残缺的壁画

廊。这里的设置令人非常愉快，就和威提乌斯时期一样，在那个时候，喷泉旁长有玫瑰丛和果树，大理石建造的池盆里有喷泉跌水——城市中使用的大型水道使得人们能够像这样随意将水用作装饰。这个列柱廊一定是夏日乘凉绝佳之地，凉风从水雾中穿过，刻有凹槽的圆柱后面是画着壁画的墙壁，颜色十分优美——果树和玫瑰中间是另一个长有巨大生殖器的普里阿普斯雕像，他告诫人们：任何在他的领域中越界之人都将受到惩治。

列柱廊的尽端是房子主屋之一，大约是卧食椅餐室或者是一个餐厅。如果是一间卧食椅餐室，那里面应该有三把长榻，围绕中心的桌子呈 U 形排开，吃饭的时候人们可以躺卧在长榻上。这间房间的惊人之处在于湿壁画[1]的

[1] 原文 fresco，湿壁画，原意是"新鲜"，是一种十分耐久的壁饰绘画。在墙灰尚未全干的时候就开始作画了。这样，画上去的色彩容易渗入潮湿的墙皮里，色彩与墙皮混在一起，不易脱落。这种绘画方法要求画家用笔果断而且准确，因为颜色一旦被吸收进灰泥中，要修改就很困难了。——译者

质量和主题。湿壁画品质极高——看上去这所房子像是在公元 62 年那场地震后立刻被重新装修了，并且装修得非常雅致、时髦。绘画布局的构图原理非常符合建筑美学，较低的墙面上画着古典风格的圆柱和黑色的壁柱[1]以及被它们框出的深红色的画面；而较高的墙面上则画着一大幅亭台楼阁的透视图，里面充斥着各式各样的人，他们要么围观着在下面进餐的人，要么则在就餐者们面前欢呼跳跃，非常惊人。但最有趣的细节设计在于，在靠近地板的墙面上，差不多是斜靠在长榻上的人的头部位置，画着一群正在嬉戏的小天使们，画风非常优美。这些小天使都在颂扬庞培，还有威提乌斯家族的生财之道。他们收集着制作花环的鲜花、调制香水、做着金匠和漂洗者的活、驾驭着骏马牵引的战车驰骋赛场或是在酿造葡萄美酒——这是最重要的一幅图像，因为里面展示的都是这个家庭最重要的财富来源。

[1] 原文 Pilaster，也称为半露方柱，是一种内置于墙内或依附于墙表面而稍微突出的柱子。通常情况下，壁柱是扁平或长方形的，但有时也采取半圆柱状或其他形状，包括螺旋柱。曲面的壁柱通常被称为半身柱。——译者

威提乌斯家族的形象逐渐清晰起来。他们非常富裕，向人展示的是他们的财富而非家谱血统。屋内有很多普里阿普斯和两性者[2]的图像，传统上来说这些图像具有对抗邪恶的魔力，表明威提乌斯家族迷信的观念习俗但是又带有朴实的幽默感，同时画作的质量至少也说明了，他们具有相当的艺术品位。现在，我走进了另一间房中，朝向列柱廊开放，并且与中庭相连。它可能是一个稍小的卧食椅餐室，保存得很好。三面墙的中央都有一副巨大的湿壁画，最醒目的那幅湿壁画主题非常奇怪。它的场景来源于希腊神话中帕西淮的故事——光芒万丈的月之

描绘维纳斯的湿壁画

[2] 原文 hermaphrodites，可能是指代前面出现过的丘比特天使们。——译者

女神[1]，她正凝视着那头即将成为她爱人的公牛，并会和他生下弥诺陶洛斯（牛头人身怪物），这幅纪念甚至可以说是庆贺兽欲的场景放在餐厅里似乎有点奇怪。也许主人是想用这来表现一种诙谐的姿态，这样客人们在这里大嚼牛肉时还可以为之一笑。

在这栋房子里还有最后一间房间我想去参观，它所处的地方是这栋房子中原来奴隶的生活场所。我穿过中庭旁边的一片露天小院子，来到了一扇常年紧锁的门前。这是，也许一直都是一间密室，它处在这栋房子的私人地带，避开了访客们探寻的目光。我打开门，走进了这间狭

[1] 是古希腊神话中太阳神赫利俄斯之女。据说帕西淮是克里特岛（米诺斯文明）信奉的、与象征着暗月之夜的"黑月女神"赫卡忒对应的、代表光明的月光女神。——译者

保存下来的湿壁画大厅

小、黑暗的房间，实际上就是一个小单间。三面墙上都还有湿壁画褪色留下的痕迹，其中两面墙上的壁画保存得相对完好，上面都画着一对裸露的人—— 一男一女，他们躺在长榻上颠凤倒鸾。这些湿壁画都非常精致，描述的内容也完全符合传统。但是，一间装饰着这类湿壁画的房间在这栋房子里有什么用呢？威提乌斯家族用它来做什么呢？这个房间能告诉我们关于这个家族的什么事？这些并没有一个定论。我仔细地回想着这些画面。我们自以为对罗马人非常了解，但有时候又很明显，其实我们对他们一无所知。他们的技术非常先进，在很多方面都是现代社会的先

驱，表面上看来非常文明，然而他们却又十分迷信，也有着惨无人道、几乎是毫无人性的黑暗面。我毫无头绪——一切似乎都与性息息相关。我猜，这件小房间充其量不过是一个神龛，它的旁边是威提乌斯家族的护家神与灶火守护神——拉瑞斯的圣坛，也许这间小屋被奉献于普里阿普斯，用于性事繁衍仪式，因为这些仪式让人们得以创造生命、繁衍生息。

我离开了威提乌斯家族的宅院，往浴场走去。实际上，庞培有几片大型的浴场楼群，可是我要去的这个浴场位于城墙外面，现在被称为郊区浴室澡堂。我穿过玛瑞娜门（城楼门），下方就有几个浴场。这个综合浴场并不是公共的，而是私人的，也是火山爆发时最新修建的奢侈物——里面甚至有一个大型的暖水泳池。我走了进去，这个地方遭到了巨大的破坏，但细节之处仍然非常精致，留存下来的马赛克和湿壁画品质都极佳。我走在一个大型的筒形穹隆之

浴场楼群
遗址

下,表面装饰的花格镶板非常精细。右边是一个温水浴场，正对着我的则是一个冷水浴场，浴场墙上残存有优美的湿壁画，上面画着各种海洋生物，包括一只巨大华丽的章鱼。我向右边走去，进入了换衣间，同样也是筒形穹窿设计，而它最初的结构也完全暴露在人们眼中。这个房间由火山灰筑成——取自维苏威火山边缘的火山灰和沙土、石灰混在一起形成了混凝土。罗马人在公元前 2 世纪发现这种火山灰最重要的特质——它能被置于水下，并利用这一点彻底改变了他们的建筑。这种火山灰让人们能够迅速地在奥斯蒂亚建造起罗马港口，也能快速建造出圆形斗兽场和穹隆——就像浴场中的这个一样。但是这个穹隆并不是换衣间里面唯一 一个有趣的地方，房间墙上的大部分湿壁画都得以保留，其中包括 16 个板块。很明显，这些板块标示出了衣橱的位置。每一块板块上都画有一幅画，其中

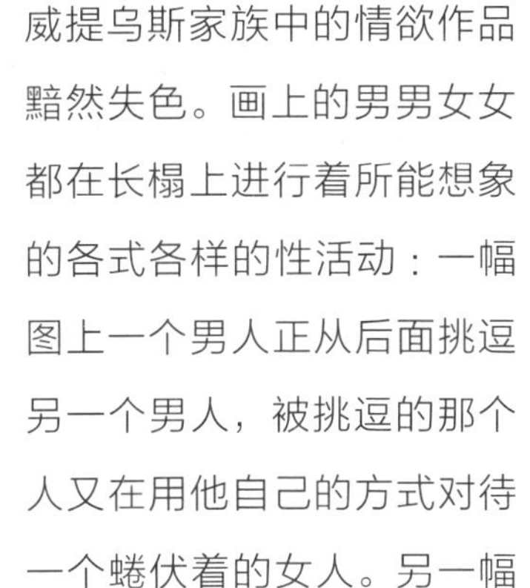

8 幅保留了下来，这些使得威提乌斯家族中的情欲作品黯然失色。画上的男男女女都在长榻上进行着所能想象的各式各样的性活动：一幅图上一个男人正从后面挑逗另一个男人，被挑逗的那个人又在用他自己的方式对待一个蜷伏着的女人。另一幅

庞培的圆形斗兽场

图上一个赤裸的女人跨坐在一个男人身上，手中抓着一个长长的螺旋形的角。这幅画像到底表明了什么？是解说“角（horn）”是“欲火中烧（horny）”一词最初的起源吗？在这样一个公共浴场里画上这些画像，目的似乎很明显，尤其是这样一个没有男女单独浴室的浴场。至少，这些画像会刺激甚至鼓励人们去仿效这些行为，也可能是为了做广告——这里有管理者们专门雇佣的妓女提供性服务。这些真是非同凡响。在罗马早期时代，浴场被看做是男性锻炼、净化躯体、安抚精神的地方。这种想法很显然在公元1世纪时已发生了巨大的变化，至少在庞培是如此。

我重新回到城里，想找到一个酒吧。这座城市里处处都是酒吧——小一些的叫做珀皮那[1]，大一些的、更像是客栈的，则称为考耳本那。城里有两条主要的东西向街道，我穿过论坛广场，沿着其中一条街道走着，它的两旁排列着许多商店和酒吧。途中我踏过了一个不规则的大石板，其上傲然矗立着一个巨大的生殖器，但究竟这个生殖器是为了给人们指示红灯区的方向还是单纯地祝路人们好运、身体健康就不得而知了。我走进一家大门敞开的小酒吧，里面有个柜台，摆放着一排已经凹

[1] 原文popina，是属于罗马低层阶级和奴隶们的酒馆，提供有限的菜单，包括简单的酒水、食物、炖汤等。——译者

陷下去的泥罐，这是曾经用于盛放食物和酒水。在这里，2000 多年前，我可以要一杯罗马人最喜欢喝的酒——费乐纳斯，这种酒是由庞培附近出产的葡萄制成的，还可以要一点吃的，享受着这里充满活力的氛围。从这里的油灯可以看出，这里应该是一个喧嚣、烟雾缭绕的地方，应该有赌骰子的人和来这儿做生意的妓女。

这里的珀皮那（酒馆）和考耳本那（客栈）墙上满是粗糙的雕画，这让人可以探寻灾难前夜之城市的灵魂，非常惊人。庞培城中的墙壁读起来就像一本书，城市的故事都

斗兽场内部

角斗士在竞技场上对战

被墙壁记录了下来，你可以在上面看到人们的观点、信仰和激情。在则伊家中的墙壁上，我看到了一个接近人们生活的雕画主题：角斗士们和竞技场上血腥的对战。其中记录下了四个人的名字：阿伦泽达、杰纳斯、赛佛勒斯和阿尔巴努斯，似乎还记录下了几个人的胜利场次，就我所能辨别的来看，杰纳斯赢了 13 场，阿尔巴努斯赢了 19 场。名字旁边画着不同的人像，画得很粗糙，但能看出他们身着的装备。大多数角斗士都是奴隶、罪人或战争犯，但约有三分之一是自由

庞培的古罗马房屋遗址

人，他们或为金钱或为荣誉而战，对一个成功的角斗士而言，两者都是取之不尽、用之不竭的。赢得一场决斗所得到的奖励相当于一名罗马士兵一年的费用，而他们所展现出来的勇气、决斗技巧和对死亡的蔑视使得他们成为人们心中最可亲的人，他们会被人民群众们奉为超级偶像，也更受贵族阶层待见。而在这样一间宏伟的房屋中，列柱廊的墙上却被画上了这样的雕画，刻画者是如何又是为什么绘制这些已成为了一个谜题。火山爆发时，这栋房屋似乎正在改建，也许是其中一位建造者知道所有的东西都会被重新涂抹，才在墙上潦草地刻画了这些东西。我认真研究了这些名字和这些粗陋的草图，看上去新得让人惊讶，似乎是在房屋被火山灰掩埋的前一刻画下的。很明显，这是一个小伙子想要告诉他的工友们，在这个城市巨大的圆形剧

场上接下来即将出现的那个角斗士会是谁。

庞培城中还有另一个我必须要看看的建筑，它能让人对 2000 年前的生活有更为深刻的了解。那是一间妓院，那些有需要的人可以在这里召一个“母狼”——这是罗马时期对妓女的称呼。我走向论坛广场旁边那些狭窄的街道和蜿蜒的小巷，想看看罗马时代这唯一一所人所共知的、专门建造的妓院是什么样。我走进去，发现自己身处一片怪异的、秘密的世界中，里面有一个中央走廊，两旁有五个小隔间，门房之上有几幅湿壁画，湿壁画上画着赤身裸体的男男女女正在以各种形式进行情色活动。它们和威提乌斯宅中的图画很像，但没有郊区浴室澡堂中的图像那么外显、怪异。我猜，这些画像是为了让顾客知道这里提供什么服务，或者至少要撩拨一下他们。我走进其中一间小隔间，一头放着一个石制长塌、一个石枕，墙上也有涂鸦粗刻，大概是觉得满意的顾客留下的赞扬之语。我回到中央走廊上，朝走廊尽头走去，那片低墙下藏着一间厕所。

是时候离开这座幽灵般的城市了，在这里，古时的亡灵可能会突然在你眼前活灵活现。我从埃库拉诺姆门离开，行走于墓穴之间，来到了庞培城中最打动人心的遗迹之一——神秘庄园。我走进山庄，想要看看其中建于古代的、最神秘莫测的房间，这个房间从视觉上来看也是十分惊人的。这是一个卧食椅餐室，其中三面墙上被一组源自公元前 50 年、色彩丰富、美丽动人的环形湿壁画装饰着。第四面墙上开了一个大大的通道，客人们和上菜的仆人们可以从这里进出。很少有人能在这些绘画的意义上达成统一意见，甚至无法确认它们是原创的作品还是源于现在已经消失的希腊风格。然而可以确定的是，这一组环形湿壁画与一种神圣、秘密的启蒙有关，人们可以通过刺激或是解放自己的感官来获得启迪。湿壁画上展示着音乐、舞蹈的场景，人们饮酒作乐，利用酒醉将自己从俗礼的约束中解放出来。这里也有性元素——其中一位参与者正要向人展示他的生殖器，正掀开遮蔽的紫色布料，这意味着新知识即将揭开面纱。但新知识的开启必定有一个痛苦的过程，正如一位遭受鞭笞的先驱者那般。

主持这一切的正是狄俄倪索斯——美酒以及沉醉之神，而在我看来，他的出现说明这幅湿壁画和 2000 年前的庞培有很大联系。维苏威火山坡上的土壤矿物质含量很高，藤蔓在这里滋生蔓延，因此被奉献于美酒之神、欢乐之神狄俄倪索斯。而在这个盛产美酒的欢乐之都中，狄俄倪索斯又深受人们爱戴。这是他的土地，庞培是他的城市。

手握酒杯的狄俄倪索斯

权力
Power

从高处俯瞰
现代的圣多明各

新世界的城市灵感——
圣多明各（多米尼加共和国）

我们到达了多米尼加共和国首都圣多明各附近的机场，沿着滨海大道一路行驶到市区。一切看起来都那么整洁干净，随着我们逐渐接近市中心，沿路的旅馆和酒吧也渐渐多了起来。其中一幢大楼用巨幅的海报装饰起来，海报上面是一位雀跃的裸体女士。这很显然是一个度假的目的地，是休闲放松的好去处。多米尼加共和国与海地共处于加勒比海一个大海岛，然而，这两个邻居却全然不同。海地因贫穷和糟糕的社会秩序而声名狼藉，而多米尼加共和国却恰恰相反，这里秩序井然、安全无比，成为了西班牙和美国游客们的游乐天堂。

如今圣多明各的生活就像一潭水，缓慢而宁静。但是，就在 500 年以前，一切都大不相同，那时这座小岛经历了急速地变化，成为了世界上最重要的地区之一。克里斯托弗 · 哥伦布于 1492 年登陆到这个岛屿之上，当时他正在为信奉罗马天主教的西班牙探寻财富和领土的征途中。哥伦布是首位来到这里的欧洲人，为了纪念他的资助人，他将他的发现命名为艾斯巴诺拉岛，即西班牙之岛的意思。但很快，伊斯帕尼奥拉便取代了这个名字，并沿用了 300 年左右。当哥伦布意识到这座岛屿的商贸和政治潜力以后，他在北海岸修建了一座小型哨岗堡垒，并将其命名为拉纳维达得[1]。

第二年，哥伦布带着 1200 多名殖民者再次返回这座岛屿，但他却没有发现自己此前留在这里的 39 人的踪迹。可能这些人死于疾病，或被岛上的土著居民杀害了。所以，他们东移 200 英里后，在北海岸建立了一个新的聚居区。

[1] 原文 La Navidad，也译为“圣诞节堡”，1492 年 12 月 23 日哥伦布的航船搁浅于今日的海地角附近，不得以他只好留置舰上其中 39 人于陆地，用沉船的枕木在当地建立了"圣诞节堡垒"。——译者

多米尼加的罗索

哥伦布画像

这一次，为了取悦西班牙王后，这个地方被称作伊莎贝拉，哥伦布把自己的弟弟巴塞洛缪留下来掌管这里的一切。北海岸的健康条件很差，黄热病盛极一时，当有人在南海岸发现金子以后，伊莎贝拉的地位就更是摇摇欲坠。1496年，人们决定遗弃第二个城市伊莎贝拉，他们大举迁移至岛屿南部，并在海湾处一条名为奥萨马的小河东面建立了第三个殖民地。这个新的聚居地被称为圣多明各，为了纪念在征服新世界的过程中起到了重要作用的多明尼加修道会。修道会为西班牙帝国的征程提供了一个伦理依据：用强制或一切可能的手段让土著人信仰罗马天主教。

然而，由于某种至今还未能揭开之谜，这些居民在几年之内再次迁徙，但是这一次他们只迁移到了奥萨马河的西岸。这次迁徙发生在1501年，是由岛屿富有活力的第一任管理者，尼古拉斯·德·奥万多领导完成的。很显然，他有着巨大的野心，这次他要建立的不仅仅是一个聚居地，而是一个由城墙围绕，有着整齐划一的直角网格状街道、漂亮又结实的公共建筑、私人住宅以及石制仓库的城市，颇具大都市风格。很快，奥万多的计划就取得了成功，1504年，圣多明各建立了一个主教区组织，十年之内，城墙、城门以及一些漂亮住宅已基本建成，其中包括奥万多的私人宫殿——它俯瞰着奥萨马河口。1509年哥伦布的儿子，迭戈·哥伦布作为西班牙总督来到这里，此时的圣多明各已成为了新世界的第一个欧洲城市。

迭戈到达圣多明各不久，就宣布该市为新西班牙[1]总督辖区的统辖首都，西班牙大殖民帝国的历险也就从这里开始了。圣多明各成为了埃尔南·科尔特斯于1518年占领墨西哥的跳板，几年以后，弗朗西斯科·皮萨罗从这个小岛出发，这是一次具有重大意义的航行：1533年，他灭掉了强大的印加帝国，并占领了南美的大部分地区。或许对于伊斯帕尼奥拉岛以及以西班牙之名掌管该地的哥伦布家族来说，更重要的是，从秘鲁、墨西哥掠夺而来并运往西班牙的巨额财富大部分都会途径圣多明各。

我最感兴趣的是奥万多所创建的这个城市，在后来的几个世纪中，他所创建的一切成为了美洲的城市灵感。我想知道一个小城市、一个宏大的帝国梦想是如何最终影响

[1] 原文New Spain，哥伦布发现的"新大陆"上的西班牙殖民地区的统称。——译者

圣多明各的
港口区域

整个大陆的建筑风格的。当车子行驶至老城区，即如今的现代大都市圣多明各的市中心时，我的心里充满了期待。车子不断向前行驶，将闪亮且挺拔的多层建筑形式的旅馆和酒吧甩在了身后。现在，我止在经过一片整齐的街区，狭窄的街道两旁是一排排的一或两层楼高的建筑。天色已晚，但仍可以看出这些建筑多是由石头砌成并略显古旧。每条街道似乎都通往一个直角的交叉路口，而每个街口望下去都可以看到长长的、贯穿城市的街景，直到街道消失在远处的阴暗中、消失在无尽中。这里的一切如此地不可思议、如此地具有几何形式感、让人无比满足——我仿佛驾车行驶在一张巨大的象棋棋盘上一般。

现在，我们左转弯，进入一条稍宽的街道。这就是达马斯街，即贵妇之街，这是奥万多建造的第一条街道。这条街道得名于每周日陪伴奥万多妻子玛利亚去教堂的喧闹的贵妇们。这里曾是新城市的荣耀之地，是用于炫耀的地方，而现在，我来到了奥万多房子的门前。机缘巧合，这里恰好是我在圣多明各所住的旅馆。从外观看来，这间房子宽敞、低矮，坚固得几乎像城堡一样。整座房子由石头砌成，外部的细节设计粗犷又极其简洁，只有其中一扇门上雕刻的图案例外。图案非常精致，采用了哥特式的花饰窗格，外围是一大块台阶式的滴水槽。这让我想起了圣多明各最初的样子，这座城市建成之时，传统的哥特式建筑仍然在西欧盛行，同时，由于受到了一种新的审美和古

圣多明各教堂和主广场

希腊罗马知识的启迪，文艺复兴思想也作为一种艺术力量开始兴起。

我凝视着这条街道，太神奇了，这里既有城市化的宫殿，又有公共建筑。在西端是奥萨马要塞，也就是城市的堡垒，它始建于 1502 年，是西班牙人为了保护他们的新领地而建造的。而在街道东边的尽头处就是卡萨斯 · 雷亚莱斯[1]，这是一座恢弘又气派的建筑，修建于 1503 年至 1520 年，是新西班牙的行政中心，皇家法院、财政局、政府办公室都位于此处。在设计风格上，这座石制建筑简单保守，它的正面仅有两层方形的窗户，顶部是设计大胆的飞檐。在卡萨斯·雷亚莱斯后面，我看到一片露天空地，这就是老城区的心脏位置，西班牙广场。这里曾经坐落着第一任总督迭戈 · 哥伦布的府邸。

但是现在我走进了旅馆，旅馆里面非常阴凉，在宽敞的入口大厅后面，我看到了一个连拱式凉廊，之后是一个帕提欧[2]。这是在炎热气候中最好不过的建筑，小小的窗口遮蔽了炙热的太阳，厚厚的石头墙壁也使得内部保持凉爽。

❶ 原文 Casas Reales，意为“皇家宫”。——译者

❷ 原文 Patio，西班牙特有的露天庭院。——译者

西班牙式的
露天庭院

在树荫遮蔽的露天庭院上吹着海风，让人心旷神怡。大多数征服者都来自于炙热的西班牙南部，即安达卢西亚，这些建筑不过是他们将旧世界建筑风格移植到新世界的成果。我穿过凉廊，走进露天庭院，这里的景色让人叹为观止。由于这片土地上从街道到河流处落差非常大，我发现自己所处位置非常高，实际上是处于城墙最高处，从这里望出去，大海和奥萨马河的风光一览无余。在这里，奥万多可以看着满载财宝的船只进入他的城市，船上堆满了从墨西哥掠夺而来的战利品。

我从奥万多的大宅步行走到了西班牙广场，我想感受一下这片先驱之地，新世界中欧洲文明的第一座堡垒。我走进西班牙广场，感觉很奇怪，或者说，奇妙的似曾相识感。当然，它与西班牙或欧洲文艺复兴时期的广场非常相似，但是它却包含更多的内容。我突然觉得，整个圣多明各就是一次荒谬的——褒义的荒谬——实验。整个城市的规划，包括这里方格式的路网和大广场，都受到古希腊或古罗马城市的启发，从而形成了棋盘状的街道、市场和社区。事实是，圣多明各的经济和社会全部依赖于奴隶制，他们相信，精英的奴隶主有权使用并虐待奴隶种族，这种意识根植于他们远古的祖先。从历史角度来讲，奴隶曾经是被征服的民族，是下层阶级，是有罪之人，总而言之，从某种程度上而言是低等的，是强有力的统治者的附属品。希腊和罗马文化给人以启发，可在这些文化中，奴隶制却起着至关重要的作用。这种制度在《圣经》旧约和新约中都被接受。

从历史角度而言，18 世纪末以前都很少有人谴责奴隶制。在远古社会，人们认为奴隶制就是一种生活方式，或者说，是一种创新。所以，为什么当 16 世纪的西班牙人看到很少人使用奴隶的时候，他们会觉得无法接受？——原因是显而易见的了。西班牙人在这里根据旧有的、恶劣的奴隶制度建立了一个新的社会，一旦这些当地人工作至死，他们就会从非洲引进一批新的奴隶。

我穿过广场，站在一座大楼前面，过去，人们便在这座大楼里管理着这个劣迹斑斑的城市——它是哥伦布宫，也是迭戈 · 哥伦布的总督官邸，修建于 1510 至 1513 年。像圣多明各大多数的古建筑一样，它有着一种魅力，这种魅力足以让人不再关注其满是污点的过去。事实上，其年岁和美丽就足以蛊惑人心、足以掩盖最黑暗的过去。这个宫殿并不是很大，只有两层楼高，但是雄伟壮观——这是在美洲的第一座欧式公共建筑。宫殿全由石头建成，零星点缀着一些小装饰，这似乎象征着当时的审美、朴素和第一批西班牙征服者们的骄傲。一楼中央有一扇很大的门，我走进去，发现了哥伦布家族的内部世界。里面有一个巨大的正厅，是整个家族生活和就餐的场所，是这个王宫最不正式、最为私密的部分。我想看看宫殿对外公开的那一面，于是，我返回凉廊，在其中一个边角的楼阁中探查到了一段台阶，走上楼梯，让人感到庄严肃穆。我来到凉廊的二楼。这是早年所有新西班牙公务和国务事宜议事的地方。我走进去，经过装饰成摩尔风格的窗户，以及伊莎贝拉风格的哥特式装饰，这种装饰风格在 16 世纪早期的安达卢西亚颇受欢迎。从它的布局和细节中可以看出，这栋大楼显然不止是作为极具实用性的办公大楼而存在的。很明显，迭戈·哥伦布想建造一座具有最新奇风格的建筑，希望让前来的访客眼前一亮；同时，通过它昭告世人正在扩张的新西班牙帝国的成就、权势以及文化诉求。这座城堡，或者用安达卢斯亚阿拉伯人的说法——“阿尔卡萨尔”，其设计者是不为人所知的；然而，人们都清楚地知道它的营造正是帝国在美洲探险的真实写照。工程由西班牙泥瓦匠负责监管，但是所有繁重的劳务都由一千个左右当地的泰诺印第安人来完成，这些人早已是欧洲侵入者们实际意义上的奴隶了。所以，这第一栋在新世界建筑起来的宏大的欧洲建筑，不仅是西班牙事业和野心的里程碑，同时也是奴隶制制度的体现。这种局势一直持续了 350 多年。我穿过凉廊，走到二楼的主房间，它被称为大室[1]或者审判室。我望过去另一边，又有一个凉廊，从那可以俯瞰奥萨马河。

[1] 原文 the great chamber，是中世纪城堡和都铎王朝英式城堡、宫殿、宅邸或庄园中，重要性仅次于主厅（the great hall）的房间。相对于具有礼仪中心作用而人来人往的、完全开放的主厅，大室稍具私密性，是一种议事起居室。——译者

极具艺术美感的摩尔风格装饰

这个宫殿的设计精妙绝伦，这一对双层式凉廊不仅可供荫蔽，还利用空气带来河水的凉爽，通风贯穿整座大楼。我站在这间自然通风的房间里思考着，倍感舒适。神奇的是，这里曾是权力的中心，曾是西班牙帝国在新世界的短期行政中心。这是多么有纪念意义的房间啊！在这里做出的决议都曾改变甚至规定这个世界！

我离开了这里，我已见过了圣多明各的政治中心。现

哥伦布宫

圣玛利亚主教堂
正面

在，我想看看它的灵魂所在，所以，我往圣玛利亚主教座堂[1]行进。由于沿路的很多早期建筑都还存在，这让我可以真切地感受到当初这个城市中人们的生活方式。很显然，最初人们极具灵感，并对房子抱有极高的期待。这些早期的房子都是用石头精心打造而成，抚摸着那些细节之处，能感受到晚期的哥特式风格——它们大多数都只有两层楼高，偶尔会有用低矮石头建造的角塔。如果是由碎石搭建的话，外面就会覆盖以彩色的石灰涂料。然而，在16世纪40年代，一切就有所不同了。虽然房子仍然由石头建造，但是装饰细节都非常一致、特别古典，很多楼房都是一层楼高，有时会高出半个地下室，似乎该城市的人口并没有像期望的那样剧增。甚至在相对来说的早期，圣多明各的情势也开始变得不大乐观。简单来说，由这里延伸出去的

[1] 美洲最古老的教堂和天主教堂，1546年，教皇保罗三世将其命名为"美洲第一总主教座堂"。

——译者

❶ 该教堂始建于1512年，由加西亚·帕迪拉主教率领施工。尽管最初的想法是建造一座简单的教堂，但1519年亚历山大主教的到来使整个工程改变。他改变了最初的计划，并于1521年着手建造一座大型宏伟的教堂。——译者

殖民地——古巴、秘鲁、墨西哥——已逐渐开始成为圣多明各在贸易、投资方面的有力竞争者。

圣多明各大教堂

很快，我来到了另一个广场，这个广场比西班牙广场小一些，即大教堂广场。一座低矮、巨大的石头建筑沿着广场的一边延伸开来。由于圣多明各是首座欧洲风格的大城市，所以这里的建筑就占据了诸多的“第一”——第一座石制堡垒、第一座修道院、第一所医院、第一所大学。很显然，眼前的这个建筑物也是在美洲修建的第一座天主教主教堂。工程始于1512年，但却是在1521年正式施工，直至1541年竣工[❶]。我穿过1527年建造的北面走廊，被眼前的景象惊呆了。这个走廊内部的中殿和侧廊全部

圣多明各大教堂
内部

是哥特式晚期[1]的建造风格，有着尖券和肋架拱顶。每一个通道侧面都有小圣堂[2]，一些礼拜堂里摆放着被人遗忘许久的占领者的墓碑，这些墓碑都非常宏伟，但已经开始崩塌了。一切都是那么的伤感，这是一场伟大探险的遗迹，而这场探险塑造了这个世界，这些曾傲慢一时的征服者们也绝对想象不到此行将带来怎样的影响。当初他们来到此地，主要是为了个人财富和权力，还是为了西班牙的荣耀和罗马天主教堂的复兴呢？在这个感人的地方，这个曾经是整个大陆基督教心脏的地方，能让人用最美好的方式去理解。这个天主教堂建立之初，一定是一个让人震惊的场所：一座巨大、时尚又在工艺上极其复杂的建筑，在这样一个遥远又原始的地方拔地而起。当然，这并不代表全部，教堂建立的本意原是为得到当地居民的敬畏，用白皮肤入侵者的力量来震慑他们，并让他们清楚地认识到：这些陌生的、奇怪的人们，带着钢铁护甲和可以爆炸并能发射致命导弹的棍子，将在此定居下来。这座建筑物是一种精神力量，但很明显，它又带有强烈的政治性、威严性和华丽之感。

与在欧洲兴建的教堂一样，这里的建造也从东端开始，这样，祭坛可以被设定好并且尽可能快地运作，一直到西门为尾端。所以我就从东端走到西端，想看看这座教堂最后完工的部分。正如我猜测的一样，教堂的第一部分和最后一部分对比强烈，并且可以从中看出区区几年时间会对

[1] 早期的哥特式雕塑和绘画都是巨大建筑的一部分，晚期的哥特式雕刻则追求平面装饰性的效果，不再追求结实和简洁的处理。

——译者

[2] 原文 chapel，小圣堂是基督徒聚集和礼拜的场所，尤指没有神职人员常驻的教堂。它可以附属于各种机构，例如较大的教堂、大学、医院、宫殿、监狱或墓地，也可以是一座独立的建筑物，有时还有自己的庭院。在中文语境中，天主教使用“小堂”“小圣堂”“小教堂”或“小礼拜堂”等称谓。应当注意的是，这种区分在西方语言中是不存在的。

——译者

一栋建筑产生怎样的影响。西门区域建于 1540 年，在这里已完全找不到哥特式精神，所有的一切都是古典的并带有银匠式风格，这种风格在 16 世纪早期的西班牙最为盛行。这种表面处理手法是受到银器装饰的启发，细节和纹理鲜活无比，丰富多样，而且其中的一些装饰物非常翔实。立面高处的经典中楣横饰带上描绘了达到岛屿的旅程，包括一些海怪或是诱人的女性图像——我猜是像塞壬一样的海妖——因为她的魅惑是征服者们在从西班牙起航之后的旅程中所必须面对和抵制的。我禁不住好奇，如果这些早期的开拓者们当初意志稍弱，那么这个世界现在会是怎样的呢？

这个城市里最让我感到欣喜的，就是秩序感。密集的街道和宽大的广场都囊括在城墙之内，很显然，这种形式深受早期西班牙殖民者的喜爱。在 1573 年，这种在圣多明各首创的规划类型被西班牙腓力二世于《印地法》[1] 这一文件中重新细化、编制并得到推广。这些律法是以城市最基本的且在过去 60 年中不断演变改进的各种法典为基础，并受到罗马文献——如公元前 1 世纪维特鲁威所撰写的文献以及各种文艺复兴理论——启发而成，用于规范新世界西班牙人的行为。这些律法一共有 148 条法令，内容涉及涵盖信仰、政治、经济等角度的建筑、城镇建设以及楼宇分布分配等方面的各种问题。这些法令本来是用于建立各种理想的城市中心，从而巩固西班牙对其在新世界

[1] 原文 the Laws of the Indies，也称为“西印度法”，是皇室针对美洲和菲律宾的西班牙属地颁布的法律，作为给殖民地总督的指引。为开采属地的资源，需尽可能避免跟土著发生冲突。方法之一，就是建立领土的内、外概念：凡领土之内土著皆不可犯。通过把抽象的界线实在化、向土著声明自己对领地的拥有权和使用权。为侵略的行为制造一个法理基础，合法化自己的入侵。——译者

古巴首都哈瓦那
城市远景

中之领土的控制，而这必须通过同时展示武力和精神力量得以实现。这些城市需要被加固防御建设、增强入驻兵力，并且有组织地应对商贸和防御需要，同时要建得壮观、有装饰性。也就是说，这些有着精良设计、统一规划的建筑的城市将成为井然有序、华美可观的创造物，叠加累计来震慑当地人，让他们看到西班牙人在这里的运作以及优越先进的文明，从而在精神上压倒他们。

这种建设模式被一丝不苟地统一套用，从 16 世纪末期开始，西班牙领土中每一个主要城镇或城市——从南美洲的中部和西部，穿过中美洲一直到北美洲的南部，包括加利福尼亚、佛罗里达和新墨西哥，还有加勒比海岛，如古巴——统统以圣多明各为榜样套用这一建筑规划模式。

正如罗马的方格网型城市的成功一样，不同的街道和开阔的空地之间的关系极其微妙但却至关重要，这都反映出了社会和功能性上的等级制。不仅仅是重要的公共建筑和传教大楼都聚集在各大主要的广场上，重要的大楼也都聚集在最长最宽的街道上；而低矮的房屋、店铺、仓库和工厂，都挤在相对狭窄的街道上，并且这些街道往往远离市中心。这些《印地法》中的法令显示出早期城市建设者不仅仅关注展现国家和教会的权力，并且也辩证地考虑了选址和气候。同时，在文艺复兴精神的影响下，比例和比重也被视为自然所体现的神圣之美和秩序[1]。

通过这些规定，这种美丽的、多功用的、理性的、和谐的经典方格网式的城市被确立为新世界最基本的城市建设形式。它成为了一种基准，尽管这个规划模式的优势有其他因素的影响，但可以肯定的是，曼哈顿的城市模式根植于圣多明各这个小小的殖民地[2]。简单来说，《印地法》成就了影响最深远的城市规划方案，前无古人，后无来者。

今晚，这里有一场狂欢节庆祝活动进入了高潮阶段。整个广场都聚集了居民。我跟他们一起跳起了玛瑞格舞，这种舞蹈是西班牙和非洲文化联姻的产物，有很多跺脚和张扬地扭动身体的动作。作为新世界的首个欧洲城市，圣多明各至今仍充满了活力——高品质的城市建设、生活的美妙和欢乐——这些都是以后的子孙万代需要学习的最宝贵经验。

❶ 文艺复兴时期的艺术歌颂了人体的美，主张人体比例是世界上最和谐的比例，并把它应用到建筑上，文艺复兴建筑是公元 14 世纪在意大利随着文艺复兴文化运动而诞生的建筑风格。

——译者

❷ Manhattan Model（曼哈顿发展模式），当大部分城市都采用防卫性的街道设计的时候，曼哈顿采用的却是方块式、棋盘式的设计，这种开放式的设计能够帮助交通更容易得到疏通，也保证在发生灾难的时候人们能够更顺利地离开。（作者：饶及人。http://www.chinabuilding.com.cn/article-1480.html）——译者

纽约中央商务区所在地
——曼哈顿

马加特堡
雄壮的堡垒

中世纪要塞，建筑所表达的能量——
卡勒特·马加特堡（叙利亚）

马加特堡坐落于叙利亚的地中海海岸，是有史以来建造得最为雄壮并且历史上最为重要的城堡之一。了解了它存在的原因以及最终的命运，就有助于了解这片土地上的居住者至今仍存在争端的起源——这片土地在900年以前是地球上争抢最为激烈的地区。我来到卡勒特·马加特堡，不仅仅是为了看一看雄壮的堡垒——这个伟大的中世纪军事工程学技术的典范，同时，我想知道建造、控制并攻击这片土地之人的品性和动机。

7世纪中叶伊斯兰教崛起，在其后的几百年中，基督教的朝圣者们也一直不断地前往圣地[1]中的神圣场所进行

[1] 原文the Holy Land（圣地），基督教中一般皆是指耶稣在世时生活之地，也就是巴勒斯坦。
——译者

朝拜。然而，当穆斯林阿拉伯人在7世纪30年代早期从基督教统治者——他们从4世纪末期开始就已经掌管这片土地——手中抢夺中东地区的时候，犹太人和基督徒才为伊斯兰人突然并快速的崛起所震惊。尽管当时权力的更迭起伏不定，但三大宗教之间的关系很是和谐理性，一直到11世纪才开始恶化并发生冲突。

这种局势变化的原因非常复杂。中东一些穆斯林统治者开始出现一种针对基督徒及基督朝圣者缓慢却持续增长的憎恶。而西部基督教的封建领主们却一直蠢蠢欲动，希望扩张得到新的领土，以此展示自己的军事力量，并将自己的信仰强制灌输给圣地的伊斯兰信徒。一场冲突在所难免。到了11世纪90年代，西方一些有权有势、心怀抱负、有坚定宗教信仰的人士决心发动神圣战争[1]，为基督教界夺回圣地。这场十字军东征于1096年在罗马大主教的祝福下开始了。他们突袭了毫无准备且处于分裂状态的伊斯兰世界，并在一系列军事胜利后于1099年占领了耶路撒冷，从而为以圣城为中心的基督王国奠定了基础。

十字军东征

然而，战争之初，西方十字军战士的致命弱点就已暴露出来。事实很快就变得非常明显，这并不是一场圣战，更像是西方世界对中东的入侵，而且其中充满了残虐、杀戮。基督教徒对于耶路撒冷的征服，是残酷地屠杀了大量的犹太教徒、穆斯林教徒以

[1] 原文crusade，指（经教皇认可的）神圣战争。也称为十字军东征。——译者

马加特堡
坚固的城墙

及东正教基督徒的结果。

这些事件震惊了穆斯林。尔撒（天主教“基督”）的真正追随者——和平的君王、爱的传道者——是不能够如此行事的。对于久经世故的穆斯林君主们来说，就算不惜任何代价也要将这些西方人驱逐出境。西方对耶路撒冷的劫掠将分裂的穆斯林统治者们又重新团结了起来，并使得重夺圣地成为了穆斯林的一项神圣事业。

所以，在耶路撒冷被占领后的 200 年里，对圣地的掌控权成为了基督教徒和穆斯林教徒的主要争夺目标，双方为此不断斗争、陷于苦战。在此期间，马加特堡起着至关重要的作用。它是基督教的权力基地，主宰着整个海岸的沿线道路，由此可以向游客和商队征收通行费，同时掌控一大片内陆领域。巅峰时期的城堡正是军事权力的化身。

我乘船靠近城堡，在瓦勒尼亚的小港口下船，远远便望见了马加特堡。城堡坐落在一座山丘上，在我头顶360 米高的地方，俯瞰世间的一切。马加特堡没有任何花哨之处——没有高耸的塔楼，也没有如画的外轮廓。相反，整座城堡狭长低矮，环踞着整个山顶。城堡的颜色阴暗、近乎黑色，因为城墙是由非常坚硬的火山玄武岩建造而成。很显然它意味着实效，即在建造之初并不是为了观赏，而是为了某种特殊的目的，比如守住领土、恐吓并榨取贡税，在这样一片充满敌意的土地上给人以安全感。马加特堡强大的军事力量在 1187 年的动乱中得到了充分的展现，从那以后，圣地的生活被永远地改变了。而在那一年间，萨拉 · 阿尔 · 丁，圣战期间穆斯林的最高指挥，即众所周知的萨拉丁，在哈丁角之战中一举摧毁了强大的基督教军队，并夺回了耶路撒冷。然而，即使是萨拉丁，在看到马加特堡的时候，也为其震慑，迟迟未敢发起攻击。

我往他曾经站立的地方走去，就在城堡的南面，也是检视其令人印象深刻之防御工事的最佳位置。当我站在那里四处观看的时候，我突然意识到自己也处于被监视之中。不知道从哪里冒出来几个人影，他们留着八字胡须，穿着鼓蓬的皮夹克。很显然，这些人是便衣警察，虽然他们一眼就会被人辨认出来。这些人的出现告诉我，即便是在现在，这座山丘及这座城堡所在之地仍然是一个军事敏感场所。我忽视了他们的存在，把思绪拉回到了 1188 年前的萨拉丁和他的军事战术上。

萨拉丁已经意识到了马加特堡玄武岩城墙的威力，城堡的设计也使得城堡本身就坚固的地理位置更加坚不可摧，他肯定也意识到了这是一个高度发达的军事设计的前沿范例。此地地势决定了城堡的基本形态——它所在的高

从高处看
马加特堡

地大致呈三角形，因此城堡外围护墙也沿着这自然的边线建了起来。在这外围护墙之内，设计师还巧妙地整合了几处防御策略。首先，他运用了纵深防御原理，城堡被分成几道高墙围绕的围场或是庭院，每个部分都是一个自给自足的独立的堡垒。城堡与外墙间的堡场中有一个城堡镇，在 13 世纪早期约有 1000 人居住。之后就是堡垒，在城堡三角形平面布局的尖端处，是巨大的圆形的主楼。而若想占领这个城堡，则必须拿下这个无比坚固的多面堡，这意味着进攻者要攻破层层的外墙防御，因为在这里设计师又运用了同心防御的策略。外护墙内重叠了一道更高的内护墙，这样，进攻者在冲破外墙之后，马上就意识到自己受困于内外两墙之间的猎杀之地，并且暴露于从高墙投下的枪林弹雨之中。

我从城堡南面的高地走下来，再从城堡西边低处进入。从这个角度，城堡看起来让人敬畏。利用一系列圆塔来增强防护用的护墙就耸立在我眼前。我走上台阶，进入主门，发现自己置身于一个狭窄的空间里，这个空间便是两道护城墙中间的垄沟。我向右转，沿着这条杀戮之道走着。这里对于攻击者来说，的确是一个阴森恐怖之所——高高的内护墙耸立在我眼前，上面是一道道专供射箭而开的缝隙，防卫者会从那里展开攻击，给下方的突击部队造成巨大的伤害。在我的前方是一扇大门，它穿过内护墙，一直通往城堡的内部堡垒。我走进去，地面升起了斜坡，我找不到明显的可以通向楼上的入口，远处的各式拱形通道口可以通往不同方向。设计师故意在这里埋下了乱局。因为对于攻击者来说，进入堡垒，也就是城堡的内部，就好像走进了一个死亡迷宫。

我继续向前走，走进了堡垒的庭院。在我周围是储藏室、厨房、营房、马厩和门房的残骸。但在我正前方的，是一幢更加坚实的建筑物——城堡教堂，一个简单但却十分宏伟的建筑。整幢大楼拔地而起，这是一幢高耸的玄武岩砖块建成的建筑，西面和北面都有大门。门以石灰岩筑成，与巨大、坚硬的玄武岩不同的是，石灰岩上可以雕刻精美的花纹。这两扇门让人震惊，它们与石柱支撑的尖拱融为一体，柱子顶上的柱头清晰地雕刻着植物图像。这就是哥特式建筑最早期的风格，我走进大一些的西门，在这里的构架柱都已经消失不见，然后径直走进了教堂。整个经历简直震撼人心。这个礼拜堂建造于 1190 年左右，是简洁的十字军建筑精彩绝妙的典范。整个空间如此简单而美丽，充满阳光且宽敞无比。这就是哥特式风格的精髓。

我从这个教堂穿行而过，这里在 700 多年前就已被改建成清真寺，现在已经是一片世俗之地，但依然可以看出建造它的十字军的坚定信仰。礼拜堂即是理解城堡的意义和设计意图的线索，它昭告世人：这里不仅仅是一个大要塞，也是一个修道院！从 1186 年开始，马加特堡被圣战修士占领，他们是为基督教朝圣者们守卫圣地的军事修士会中的一支。这些都是医院骑士团，也就是耶路撒冷的圣约翰骑士团——在耶路撒冷被占领之后，他们迅速集结成修士会。而该修士会的目的就是救助并安置来到圣地的基督朝圣者，如果必要的话，这些骑士们会采用任何极端的措施——他们会对抗任何阻碍他们的人，会为了扩大、保护耶路撒冷的基督王国而战。这座城堡建于 12 世纪早期，曾经占据这座城堡的人以及非常明智地于 1186 年之后对它进行加固和扩建的人，都是为让基督教夺得圣地控制权而战的圣徒们。

我站在半圆形后殿中，后殿是由切割精细的石灰岩块塑造而成的。然后我走进北面的小房间，我猜想这里是侧礼拜堂或者圣器安置所。这间小室现在潮湿无比，因为它连接着内护墙，只能借助一扇小窗户照明。我向上望去，让我惊讶的是，天花板和一部分的西墙上面仍然保留着一幅湿壁画的绝大部分——太惊人了。壁画上呈现着 12 个人的头和肩膀，他们都看向一个现在已经残缺不全的人物像。这一定就是耶稣和他的 12 个门徒。这幅湿壁画的历史看起来似乎可以追溯到 1200 年左右，让人惊讶的是，当时穆斯林通常都会毁掉画像上人类的面孔，而这里很多面孔却幸免于难。我看着这些残存的面孔，这些也许是用来代表圣徒形象的，但远不止于此。他们表情严肃，看起来像军人，且各有特色。很显然，这些是圣战士的肖像，是那些修建这个礼拜堂并扩建这个城堡的骑士们的肖像。

我走进了骑士们的大礼堂，这里是骑士们和卫戍部队守卫们聚餐的地方——这是一个欢宴的地方，但即使是这里，也仍然是战争机构的一部分。地上的洞穴都通往各种宽大的储藏室，里面的补给品可以帮助守卫支撑围攻，旁边都配有巨大的蓄水池，可以收集雨水以便在危急时刻配合井水使用。大礼堂旁边便是城堡的终极战争位置——城

耶路撒冷

堡主楼（城楼）。主楼很高，呈圆形，墙面厚达5米，它坐落在城堡防御布局的最南端——城堡尖锐的那一端或马刺形的部分。顶楼上的主室中有一个深深的隐蔽的穹顶壁龛空间。我走进去，在一间狭小的房间里看到了一个衣橱。我看着这间隐蔽的房间——高处有一扇窗户——我突然明白这是什么了。就在这里，在这座城楼的最顶端，在整座城堡中最安全的地方，用一扇木屏风与旁边的房间分隔开来的这间房间，即是城堡指挥官的据点，这里无比安全，绝不惧怕任何袭击或暗杀。我环顾这间属于城堡主的房间，以它厚厚的墙壁和窄小的窗户，居高临下地看着周围的地区。这里是忧伤之地，因为这里赤裸裸地向人们昭示着，最终，再坚固的物理防御都无法让城堡或是医院骑士团逃脱他们的命运。最具讽刺意味的是，当最终的袭击到来时，它们的焦点并没有集中在坚不可摧的城墙上，而是从下部

开始进攻。但是,据我猜测,或许城堡最终陨落的原因与实际攻击并没有多大关系,真正摧毁它的,是人类的心灵危机。

自1187年耶路撒冷失陷之后,圣地的基督王国之史话呈现出一路向下、毫不留情的衰落。的确,耶路撒冷在1229年时曾经一度被赢回,但是这仅仅是通过和约完成的。而14年以后,它又再一次被穆斯林人占领。领土和城堡都接二连三被各方穆斯林势力所夺取。人们不再倾向于十字军运动,来到这里的志愿兵越来越少。在欧洲,因为损耗而生的挫败感逐渐成为放弃,并最终被漠不关心所取代。1272年,伟大的卡拉·德·切弗利尔的骑士城堡——距离马加特堡城堡60英里远的一座内陆城堡——陷落了。只有马加特堡以及它不断萎缩的领土,在这片动荡的土地上保留了下来,并成为了不断强大、不断扩张的伊斯兰王国中日益孤立的基督教堡垒。

马加特堡不可避免地成为了穆斯林军队进攻的最主要目标。1284年,苏丹嘉拉温意欲将基督教势力从圣地北部驱逐出去,而此时,他将焦点钉在了马加特堡上。嘉拉温在1285年4月17日抵达马加特堡前,在南面的山坡上安营扎寨，因为从那里可以很好地观测整座城堡。此后，他从易受攻击的东南面展开了进攻。战争初始阶段，是使用投石车投掷大石块轰炸城堡，而城堡的设计就是为了能够承受并抵御这类进攻，并且还可利用平顶屋和塔尖上安装的投弹机回击。但是似乎这些攻击仅仅只是掩人耳目、吸引火力的手段，从而掩护那些在地下开凿隧道的士兵们，他们一直挖到了城堡主楼南部的斯普尔塔下。在这样的暗中破坏下，斯普尔塔在 5 月 15 日坍塌了，步兵队的突击立刻随之展开。这次的攻击被击败了，但是嘉拉温的士兵仍然继续在城楼之下挖隧道，而在 5 月 28 日，伟大的马加特堡城堡守卫者们屈服了，宣告投降。

马加特堡及
周边景色

马加特堡是一个典型范例，它通过建筑诠释一个观念甚至是一个理想的能量。它的修建仅仅是为了提升和保护基督教教义，为了持有并保护圣地。当这个最后的基督教内陆大要塞陨落之时，圣地基督教王国之梦想也结束了。这是一座宏伟又令人黯然的纪念碑，此刻，我就站在城堡高高的主楼上，看着这座黑石铸就的城堡如同笼罩在一层阴影之中。太阳开始西沉，我不得不离开了。我的身后有人跟着，毫无疑问，是那两位强壮的便衣警察。他们甚至在分别之时，露出他们的八字胡须向我点头告别。我坐上车，他们也上了他们的车，我们一起消失在黑暗之中。

托普卡匹皇宫

深藏秘密的宫殿——
托普卡匹皇宫中的后宫（伊斯坦布尔，土耳其）

我来到土耳其的伊斯坦布尔，意欲探索前奥斯曼帝国的宫廷体制，它——至少在西方—— 一直被人误解并且饱受恶名。据说，在这里，男性曾绝对凌驾于女性之上，这种支配制度也在建筑上得到了淋漓尽致的体现。我的目的地就是苏丹王们的后宫，尽管事实上土耳其的最后一个后宫在 100 多年以前就已经关闭，它的历史仍然颇有争议与质疑，甚至有着诡异程度的神秘莫测。

基督教之城君士坦丁堡曾经是东罗马帝国——即后来的拜占庭帝国——皇帝们的首都，被信仰伊斯兰教的奥斯曼土耳其人于 1453 年攻占，并更名为伊斯坦布尔。此后，这座城市成为了奥斯曼苏丹们的首都，在 16 世纪鼎盛时期，奥斯曼土耳其成为了世界上科技最先进、军事最强大的国家，而伊斯坦布尔则是其繁荣的中心。同样，它在精神世界也是极为重要的核心，因为苏丹[1]是穆斯林逊尼派信仰的首领，也被看做是受神圣指派的伊斯兰教的宗教领袖。

托普卡匹皇宫的大门

我来到了托普卡匹皇宫，这里建于 1460 年，是苏丹掌管其帝国的权力基地。我经过堡垒式的大门，进入了一个被围墙围绕的大花园。远处是另一座门楼，里面就是王宫的主建筑,而它外围是另一座巨大的花园。我环顾四周，这里完全可以自给自足，是建立在广阔的伊斯坦布尔城内部的要塞镇。这里草木繁茂，视野可以掠过水面、观览金角湾和博斯普鲁斯海峡，让人仿佛身处天堂乐园。

托普卡匹皇宫是世界上最大的皇家宫殿之一，它隐藏着奥斯曼帝国秘密的重要线索,因为帝国的后宫就在这里。整个后宫占地超过内宫的四分之一，也是一个被围墙围起来的严密防守的世界。太令人叫绝了——走进这里就像是走进一个层层包裹着的俄罗斯套娃。这个后宫是一座身处

[1] 原文 sultans，“哈里发”才是阿拉伯帝国最高的统治者称号，相当于皇帝，兼有统治所有逊尼派穆斯林的精神领袖的意味，其作用类似于天主教的教宗。但原文此处也并非完全错误，据说 1517 年，奥斯曼帝国苏丹塞利姆一世征服了埃及后宣布自己继承哈里发的职位。之后历代苏丹均不常使用该称号，但哈里发称号确由奥斯曼帝国苏丹世袭。1924 年，哈里发制度被土耳其总统凯末尔废除。——译者

至高宫廷

于要塞城市中的堡垒中的城堡。仅仅从这种高度的防御性中就可以看出后宫内部这种生活以及建筑所铭记的秘密的重要性。几个世纪以来，大使、权贵以及外国王子进入这皇宫之地，前往一个精美的觐见大厅，它就位于这个花园内宫之中。然而，他们中没有任何一个男人能够有特权去参观神秘的后宫——而这个世界此刻就在我的面前。这座宫殿的一切欢愉都只为一个人而设，这个人就是苏丹。在这里，苏丹与他的家族生活享有最高度的护卫和隐私。在这里，以一种最为仪式化的方式，他可以享受一切身体和精神上的快乐，他所有的感官享受都被唤醒并得到满足，这样，其王国的传承也能得到保证。后宫，从其政治形式复杂性来说，是一个令人惊讶的机构。在这城墙之内，国策得以决断、权势得以实现。并且从最基础的层面来说，也是在这里，苏丹拥有了非常可观的健康男性继承人选，当然这也有赖于他自己的不懈努力。

帝国的统治与后宫之间的紧密联系也非常简洁地在现实中得以显现：至高宫廷[1]设置在巍然的正义之塔下方，这里紧挨着一面后宫外墙。在围墙的高处有一扇镀金格栅

[1] 原文 Supreme Court，此处是指帝国议会（Imperial Council），是帝国大臣们举行会议的地方，即议会议事厅，又称为“库巴尔提”，意思是“圆穹下”，指议会大殿的圆顶，也称为“圆顶议事厅”。——译者

的窗户，从那里可以俯瞰整个宫廷大殿。苏丹就坐在格子窗后，在后宫中监督着下方朝廷做出的一切重大决定。他甚至不需要走出后宫，就可以控制整个庞大而广泛的帝国[1]。

我走进通往后宫的大门，发现我自己身处一个黑暗的内殿，靠墙围了一圈的石砌座位。在过去的400多年中，后宫是奥斯曼帝国所有机构中戒备最森严的地方，也是进入皇宫秘密世界的第一步。这里的大门由著名的黑人宦官看守，这些宦官是从北非和埃及的年轻奴隶中选拔出

[1] 托普卡匹皇宫是苏丹及宫廷的主要居所。起初，托普卡匹皇宫除了是居所，还是政府的所在地，就像一个独立存在的实体，一个城中城。宫内用作谒见及议论的殿堂是帝王处理政务的地方。——译者

托普卡匹皇宫内部

后宫的内部

来的，他们在来到伊斯坦布尔的路上被阉割——极其残忍。就是这种特殊的体制，使得这些年轻的男性，在身体和心理都受到了摧残时，却又得以被安排负责保卫苏丹——这个导致他们残肢的最终根源——最重要的财富——后宫，和他美丽的女人们。

我从门厅走进了一个狭窄的庭院。这里两边都是宦官曾经使用的住所，墙壁装饰了漂亮多色的伊兹尼克瓷砖，这是受到进口中国瓷器的影响。这些瓷砖拼贴严格依照伊斯兰教信仰，完全不见生物的形象，因为那会被视为偶像崇拜。这里有《古兰经》的经文，祈祷多子和健康，还有花朵的图案，以郁金香为盛。花朵总能让人联想起乐园中的花园，然而郁金香却有着特殊的含义。郁金香热潮正是从奥斯曼帝国席卷到欧洲，尤其是荷兰，而这种花之所以深受伊斯兰土耳其人喜爱，是因为他们代表着安拉，而当人们无法展示安拉图像的时候，便以郁金香的形式表现出来。安拉和郁金香有着直接的联系：郁金香的名字，无论在读音还是书写上，都正好与安拉相反。所以墙面瓷砖拼贴的巨大圆形纹章上和小块的瓷砖边缘都有郁金香的图

后宫内的
庭院

后宫顶部
美丽的瓷砖铺贴

案，每一个都是对真主的呼唤。这种花美丽而精致，但当我站在狭长庭院的中央时，却无法相信这里是一个快乐的场所。相反我认为，愤怒和挫败感萦绕着整个皇宫，这些情绪都来自于那些被阉割的不幸的男性，他们甚至还被迫为毁掉他们一生的权势工作。

我转向右手边，爬上了正义之塔，想看看托普卡匹皇宫和其后宫的全景。它巨大的面积是如此显眼，因为大约有 400 个房间，看上去就像是一个巨大的迷宫，当然这

皇宫中
高耸的尖塔

也有一个很充分的理由——这种复杂的形式使得入侵者很难进入，也有利于宦官防御守卫。同时，这种设计也让宦官们可以轻而易举地将里面住着的人们孤立在不同的区域，有必要的话，女性也可以被有效地隐蔽并隔离开来——一切都是为了更好地控制，这就是权力的建筑体现。而后宫的等级制度也显而易见：在我的下方是小一些的建筑、草场和院落，这些是后宫地位稍低一些之人的居所区域，包括宦官之类。远处，建筑和空间都逐渐变大，这就是苏丹

穆拉德三世画像

及其家族的世界了。

后宫大部分建筑的历史都可追溯到16世纪中、晚期，也就是它的黄金时期。那时，至少200名女性居住于此，虽然也有一些消息来源声称人数超过1000人。而在奥斯曼帝国复杂的政治环境下，那一个将后宫扩充、提高其权力和地位，并对后宫多处内饰做了修整的男人，就是穆拉德三世。他于1574至1595年间执政，成为这个国家在权力巅峰时期的主人。后宫就是这个国家的核心。事实上，这一时期的后宫中所有的女性都是奴隶，在突袭中被俘获、从奴隶市场上被买回，或者是作为礼物被贡献给帝王的。由于伊斯兰教法禁止奴役穆斯林，因此这些女性大多是基督教徒或犹太教徒，其中尤其珍贵的女性便是有着浅黄头发和蓝色眼睛的切尔克斯人，如车臣人及格鲁吉亚人。这些女性大多数是通过苏丹母亲的选择或认同，而服侍于后宫的——在穆拉德的时代，苏丹的母亲是极富权势与心计的努尔巴努。这个女人是一位美丽的威尼斯犹太贵族，1537年被抓获，12岁的时候被带到了后宫。之后，她诱惑并赢得了苏丹塞

苏丹母亲
居所的餐厅

利姆二世的心，并塑造了一个极为强大的苏丹皇太后形象以及官方头衔——王母太后。

我继续朝着后宫的中心地带行进，来到了中央门厅，几条路在这里四散开去。一条路叫做黄金之道，这里在过去一定有重兵把守，因为这里通向皇族的住处。另一条路通往一个大庭院，在一侧有着一个拱廊，墙上装饰有 15 世纪漂亮的彩瓷，上面展示着乐园之花或是刻着《古兰经》诗篇的经文。这是苏丹皇太后的庭院，也是其在后宫的朝政中心。但是，我选择了第三条路，这条路通往试食者走廊，边上是一排排的石桌，厨房做好的菜肴要先摆放在这里进行细致的检查。这条走廊揭示了在这个封闭的世界中，重重疑云贯穿着整个后宫。

嫔妃们所在庭院的喷泉

在这条走廊的尽头就是年轻妃嫔们之居所所在的庭院。这些姑娘们在刚来这里的时候都是不超过 12 岁的处女。她们都将在后宫接受教育，并且都会改为信奉伊斯兰教。庭院四周围了一圈拱廊，拱廊的上方是大宿舍，这些女孩们就睡在这里，由一位女总管监管，她教导、训练这些姑娘们，并防止同性恋行为。很显然，后宫是一个介于女子精修学校和女修道院之间的学习场所。当然，远不止这些。这些女孩子是嫔妃，所以她们还会学习各种“后宫技巧”，以取悦她们的主人苏丹。但是，似乎只有极少数人能够有机会得到这一殊荣。

大多数的女孩子最终只会成为这里的女佣，或者成为下一批女孩子及女总管的教导者。但还有一些人会被选中，成为“宠妃”，即被认可为适合与苏丹同房，为他生儿育女。如果你被选中成为其中一员，那么很快你的权力、威望和势力都会接踵而至，这一切几乎就发生在一夜之间。你会被分配到后宫皇族居住区中更大、更豪华的庭院中，俸禄也会有所增加，会有自己独立的卧室、佣人甚至是专门服侍自己的宦官。这些受宠幸的女孩子大多数都由苏丹的母亲选拔，所有人都有可能飞黄腾达。如果可以为苏丹生一个儿子，那么这个儿子有一天也可能成为苏丹，女孩就会母凭子贵，成为苏丹皇太后——奥斯曼帝国最有权力的女性。然而，尽管有可能会获得极大权力，这些女人——只要她们只是众多宠妃中的一位——也仍然是奴隶身份，也就没有最基本的尊严和自由。可能有一天，苏丹会从中选一个最喜欢的女人作为妻子，但这种事很少发生。而如果它发生了，那么，这里的制度就有可能妥协，因为如果他的妻子生了一个儿子，那这个孩子就应该继承王位，但这对帝国的未来未必是最好的选择。他们需要的，是要让最优秀的儿子来继承他的位置。

后宫的奥秘之一就是王位继承的确立，也就是说，胜利者是如何赢得残忍的生存战役的。理论上讲，所有的儿

苏丹后宫

子都有平等的继承王位的权力，而只有最有能力的那一个才有可能脱颖而出、上位统治。而他既然能够在后宫尔虞我诈的争斗之中胜出，也就有可能应付朝廷复杂的权利斗争。事实上，这就意味着每一个儿子的母亲都会带领其背后的后宫势力参与经年累月的钩心斗角、混斗暗战。而任何卑劣残忍的手段在竞争中都将被加以利用，因为筹码代价高昂。获胜者不仅可以掌管朝政，他的母亲也将因此成为整个伊斯兰世界中最有权威的女性。然而，失败者们就要面对最为悲惨的命运：最好的待遇也只能期望面临驱逐或者监禁，最坏的就会被砍头。事实上，17世纪以前都有一个传统，就是苏丹在继位前要杀死他所有的兄弟，无论信任他们与否。普遍认为，让与在位的苏丹拥有同等王位继承权的男人存留，将极大地危及帝国的稳定性。因为某一天，他们可能就会——即使不是出于自身意愿——卷入一个阴谋中，成为政变的有力号召者。王室中所有这类内部分裂都可能会削弱奥斯曼帝国的势力，使其在没有任何外力破坏的情况下，就已经岌岌可危。

带有喷泉的上层平台

与嫔妃庭院毗邻的就是苏丹皇太后的居所。主接待室

❶ 原文 mihrab，是阿拉伯语音译，意为“凹壁”“窑殿”，西方译为“壁龛”，是伊斯兰教清真寺礼拜殿的设施之一，设于礼拜殿后墙正中处的小拱门，朝向伊斯兰教圣地麦加的克尔白，以表示穆斯林礼拜的正向。——译者

被装饰以漂亮的瓷砖和湿壁画，如同皇宫内众多重要的内部景象一样，墙壁的一面有一小股泉水涌出。这一机关的蓄水池隐藏在厚厚的墙壁中，而里面的水则是由水管导入或是奴隶用水桶定时将水倒入附近一个独立服务通道的水孔中。这个房间的奢华体现了皇太后尊贵的地位与威望。一面墙边是深深的凹室空间，抬高的地上有一个巨大的长沙发椅，这便是苏丹皇太后的王座，她就坐在这里——在后宫的中心位置——控制着一切。她可以检阅在她面前花枝招展、列队而行的嫔妃们，为她儿子选择“宠妃”，在苏丹来探望母亲的时候，他也可以通过把手帕放在嫔妃的肩膀上来选择欲宠幸的对象。在皇太后这间接待室旁边的，就是她的私人房间了。我弯腰通过一扇低矮的门，来到了她的寝宫。里面非常暗，只能借助外间从窗格投进来的反射光进行照明。房间的一侧是一个高起的平台，这就是铺床的地方，房间从地面到墙面全部都镶嵌了瓷砖，上面有花卉和植物的图样，这样，她似乎如睡在天堂的花园中一样。另一间房间，以窗格为墙隔开的，是皇太后的祷告室——她礼拜的米哈拉布❶或称壁龛——指引着她朝

皇宫内美丽的装饰纹样

向麦加的方向，并且上面的瓷砖都装饰有以立方体的克尔白天房为中心的麦加圣殿的图像，很是迷人。想象一下16 世纪末期这里诞生了多少阴谋、多少诡计，曾对这个文明世界产生了何其远大的影响啊！多么神奇！

我现在要去看看穆拉德三世的居所。离开了他母亲的寐宫，我经过了一个沐浴在灯光中的廊道，然后便是各种各样的带有穹顶、天窗的洗漱间，这就是苏丹皇太后和皇家的浴堂，很是豪华，浴缸和水盆的数量以及他们每天使用的水量如此巨大，这些都展示了 16 世纪中期后宫排水系统的奇迹，这些浴缸就是在那时建造的。这里一些蒸汽浴室的水盆旁边都有镀金的栏杆维护，所以当苏丹头浸在水里、被潮湿的蒸汽所围绕、无设防之时，仍然能有一种防止被人从背后偷袭的安全感。走廊的尽头是一个装修细致的洗手间，然后我就到了穆拉德三世雄伟的穹顶王座室了。这里是后宫的权力中心，实际上是整个托普卡匹皇宫的权力中心。当然,外来的男性是不能够进入这个房间的，即便是穆斯林王子、外国大使也不可以。然而就在这里，苏丹被庞大的、具有多层次特征的家庭环绕着，统治着他的帝国。我站在像沙发椅一样的王位旁边，他曾经斜靠在这里反思奥斯曼帝国的所在，在这里，他是唯一的帝王，他宣称自己的统治权是被神圣授予的，并自封为伊斯兰教的精神领袖，然而，他曾是奴隶的母亲肯定生来就非穆斯林。这真是一种奇怪的制度，就像苏丹，别的不说，可以称得上是世代切尔克希亚母亲的产物，血统与他所管治的奥斯曼土耳其人民迥然不同。

王座室

王座室里的水池

王座室的后面便是穆拉德的私人宫殿。这里保留着16世纪后期的瓷砖铺设，里面还有《古兰经》的经文。一个大的水池靠着墙面而建，当苏丹想进行一次私人谈话的时候，他会放开喷泉的水流，让泉水在水盆中跌流的声音盖住他的低语。后宫里布满了鬼祟的窃听者——在这里信息，尤其是对苏丹的了解，即是权力。穆拉德有时候也会用这间宫殿作为卧室，他会靠在长沙发椅上休息，一位宠妃会前来陪伴他——她会一寸一寸地挪到他的跟前，以示尊重与谦卑。而当苏丹和宠妃在一起的时候，会有专人对其进行观察，因为这种行为与其说是出于爱，不如说是为国行事。据说，苏丹的每一次交欢都有所记载，还附有详细的日期和宠妃的名字，以此确保子嗣诞生的正统性。

我离开了穆拉德的私人宫殿，穿过了两侧是瓷砖的走道，来到了后宫最为神秘的房间之一。很多奥斯曼帝国早期的历史都不太为人所知，因为如今的土耳其不愿意公开讨论他们后宫生活的关键侧面。女性被终生囚禁在后宫的这一事实让他们很尴尬，但是与同胞相残这一话题相比，这无足轻重。同胞相残是土耳其帝国稳固王权的一个重要手段，也成为了这个国家王位继承的合法行为。穆拉德三世——虽然只是一位温和的好色之徒，对女性和诗歌的兴趣多过政治——仍然谋划杀害了他所有的兄弟，以免有人危及王位。

我现在走进的这套寝室是这个皇宫中被用于囚禁王子们的一个区域。这些房间设计得非常漂亮，面朝宠妃们居住的庭院，这样这些年轻的王子们就可以和那些漂亮的女人们眉目传情了，而这些女人是财产或性对象，属于他们的父亲或者兄弟。现在托普卡匹皇宫博物馆官方将这些房间描述成皇储的宫殿，但是，如果曾经确实是这样的话，那也只是从 18 世纪开始的情况。这里最初是一个金丝鸟笼，即使是被给予最慈善的对待，里面的犯人也是保护性监禁，可能长达几十年。当苏丹去世以后，一切都会产生变化。里面囚禁的其中一个年轻人很可能会突然登上王位，而后宫的女性也会从托普卡匹皇宫遣散——嫁人或者被发送到

皇宫内
华丽的走廊

老皇宫——新任苏丹皇太后将会建立一个新的后宫。

托普卡匹皇宫的后宫在 19 世纪 50 年代关闭，但是后宫的体制却在土耳其合法地保留下来，甚至普及，直到 20 世纪早期。后宫的真实历史几乎已经遗失在传奇、秘密和误传中，然而可以确定的是，在如此精妙的建筑世界里，权力的获取和维持都要以极大的生命付出为代价。的确，在后宫之中的奴隶们都接受了良好的教育，甚至可以在帝国中掌权。从某种程度上讲，这种后宫制度是一个英才教育体系，但同样，它又是一个女性被奴役、被训练为某一男性取乐对象的世界，是一个被同样因为后宫制度而被阉割的男性奴隶看守的地方；也是在这个地方，兄弟阋墙、互相残杀被视为一项可接受的传统。后宫或许曾是一个美丽、复杂、高效的国家机构，但最终这是一个令人恐怖、绝对致命的地方。

新奥尔良的
杰克逊广场

心存黑暗与不幸的古典之美——

长青种植园宅邸*（新奥尔良，美国）

* 原文 Ever green Plantation House，也可译为“长青庄园府邸”。——译者

我于 2006 年 11 月飞到新奥尔良，此行是为了看看位于美国复杂的社会中心的一座建筑。这所房屋修建于 19 世纪 30 年代，我听说它修建于一大片曾经非常富饶的甘蔗种植园上，是一座美丽、宁静的古典风格建筑。然而，这座房屋所在的这片天堂却被乌云笼罩。所有一切的创建和维护都根植于黑暗且令人不安的奴隶制度。在美国，奴隶制不仅仅是一段记忆，而是一条难以恢复的青灰色伤疤，是一种至今仍然使得这个国家分裂的愤怒。当我走进新奥尔良的历史中心，一切都历历在目。飓风卡特里娜[1]在 14 个月以前袭击了这片地区，而当它席卷过城市之时，它也

[1] 原文 Hurricane Katrina，2005 年 8 月出现的五级飓风，在美国新奥尔良造成了严重破坏。——译者

唤醒了人们曾受压迫的如毒药般痛苦不堪的记忆，揭示了奴隶制在南方诸州的贻患——贫穷、愤怒、不公和偏见的势力仍潜存于这个社会之中。

这个让人深感不安之世界的残留——在这个世界中，那些追求自由的人们却践行着罪恶的奴隶制——正是我将要前往的地方。沿着密西西比河畔，我疾驰于通往新奥尔良城外的沿河大道。我正前往路易斯安那州中心地带的一座种植园，它是最终分裂美国的一种生活方式的一部分，且玷污了这个伟大国家早期的历史。

沿河大道的边上曾经有着成排的种植园庄园，每个种植园都是优雅生活和血汗铸就之产业的合体。这种依靠奴隶的乡村产业的利润十分可观。在 19 世纪，沿河大道曾经是美国百万富翁们的聚集地，而长青屋则是在这条路上幸存下来的种植园中的一间，也是唯一 一间仍在种植甘蔗

晴空下的
新奥尔良

沿河大道旁的
圣弗朗西斯科庄园

的种植园。在沿河大道上，我经过了好几幢失修的庄园宅邸，然后突然之间，就来到了长青种植园。这里有两条车道，我困惑了，一条经过一系列的大门，通往一间粉刷成白色的漂亮的古典庄园大宅，另一条车道则通往一条两侧为老橡树的大道。因为这个大门是开着的，所以我驱车进来前往橡树大道。就这样，在毫无意识的情况下，我已经进入了长青种植园的平行世界。

沿河大道沿岸种植园宅邸于 19 世纪 30 年代已经发展出了一片非常可观的产业布局，达到鼎盛时期。庄园宅邸离这条道路有一段距离，屋前和屋后都有花园，一些具有功能性的建筑，比如厨房和屋奴[1]室以松散对称的方式分布于房屋周围，点缀着这座住宅。在这一幅田园风光的旁边就是这片庄园的工作场所—— 一般通过车道到达，就如同我现在所在的这条大道。分布在这条粗糙道路两旁的

[1] 原文 house-slaves，指当年美国奴隶制时期，黑人奴隶工种中的一种，特指在房屋中从事家务劳动的黑奴。而为了和“家奴”（古代家养的私奴）以及“房奴”（现代的按揭购房者的另类称呼）区分，此处被译为“屋奴”。

——译者

都是田奴[1]栖身的小木屋，而在这些后面，路的尽头便是用来加工甘蔗的蒸汽式磨坊。在这里加工好的甘蔗，之后会被运到沿河大道装上船，再运到新奥尔良。

我决定首先看一下这座庄园大宅，它沐浴在严寒的晨光中显得格外迷人。1830 年左右，皮埃尔·克里德门特·贝克内尔成为了这片土地的主人，他的家族从 18 世纪 60 年代开始就拥有这片土地。皮埃尔继承了一座毫不起眼的、修建于 18 世纪 90 年代、外观十分简单、十分本土的房子，但他却长在一个变幻莫测的世界中，而且这个世界不断地变得越来越复杂、越来越都市化。自从 1803 年从法国人手中购得路易斯安那属地以后，美国人就如潮水般蜂拥至此，他们带来的不仅仅是充满活力、残酷的商业，同样也带来了新的艺术品位。宏伟的希腊复兴式建筑在当时成为一种时尚，深受附近州域以及东海岸沿岸之成功的种植园主们的喜爱，而年轻的贝克内尔也为之着迷，决心翻新长青种植园。在这座单间进深的不起眼的房屋的入口正立面，贝克内尔加了一排巨大的多立克式立柱来支撑一个挑出的檐口以及一个山形墙门廊，从门廊处升起一个旋转楼梯，一直通往二楼宽敞的阳台。我面前正是这样一个充满雄心壮志的作品。这个房子是一座壮观的宅邸，其实规模非常小，这排样式巨大的柱列从地面一直延伸到屋檐，提升了此处的尺度感和重要性，而这一对旋转楼梯是最具戏剧性的——但是是以一种非常迷人的私密性的尺度设计的。我

[1] 原文 field slaves，指当年美国奴隶制时期，黑人奴隶工种的一种，特指从事农耕劳动的黑奴。——译者

长青种植园宅邸
正立面的旋转楼梯

爬上台阶，来到二楼的大门。门上面是精美的希腊复兴时期风格的细节，这种风格在19世纪30年代早期的欧洲和美国曾经风靡一时。这种新希腊建筑承载了很多的信息。对于一些人来说，它象征着革命、自由和民族认知，因为它展示了古希腊极致的骄傲和独立，还有其造诣颇深的共和思想和民主精神。但在这里，这种清新活泼的希腊风格遮掩的却是一个充满掠夺和剥削的社会，这让人深感不安。我走进这座宅邸，房间陈设简单，巨大的中心大厅两侧都是一些小房间，最初还可以通往第二个阳台，在那里可以俯瞰后花园。这里的内部装饰非常精致：四周都是檐板、框缘线脚和壁炉。所以，这就是19世纪早期南部奴隶主贵族青睐的世界。主屋仅仅是一群对称性排列的房屋群落中最具吸引力的中心，这种严格的镜像布局似乎是要让这片古老的、难以驯服的、险恶的土地上充

新奥尔良
沿街成排的房屋

满秩序。主屋的两边是一对独立、形状相似的单身公寓，根据路易斯安那的传统，这是家族中年轻男性生活的地方。在这些房子的后面，也就是后花园的两端，都有饲养家禽的小阁楼，然后是两间一致的楼阁，其中的一个楼阁就是屋奴的住处及办公区，另一个是厨房。厨房的孤立是出于防火需要，同时也是因为它主要是由奴隶们使用的——奴隶则需要远离主屋，越远越好。

我离开了这个在视觉上充满魅力的地方，来到了真正令人惊奇的长青种植园区。虽然这些种植园宅邸在南方保留了下来，但它所处的复杂世界——工业及农业建筑、奴隶居所及所有与奴隶统治相关的装备用品，如拍卖台等，都已经基本消失了。但长青园却是个例外。在这里，与主路平行但相对靠后的道路两旁仍然还有奴隶屋。这里一共有 22 座单层小木屋，看起来几乎一模一样，现在都已经人去楼空，且处于缓慢瓦解中，但奴隶制的阴影却仍然挥之不去。小木屋构造简陋，完全木架结构，薄薄的外墙也由木板钉成，几块矮小的砖墩将木屋撑起。每个小木屋都有一个入口门廊，在长时间艰辛的强制劳作的间隙中，奴隶们可以在这里稍事休息。这种工作体制年复一年地重复着，从未有过变更，直到他们死去，或者更糟糕——直到他们被卖到另一个种植园。所有的小木屋整齐划一，开阔的走廊凉台观测起来很容易——实际上是监视——在某种程度上这也揭示了这个地方残酷无情的本质。这也解释了为什么这个地方看起来很熟悉——就像集中营或者是关押战犯的地方。1865 年，内战结束，美国最终废除了奴隶制，道路两侧风景如画的橡树便是在那时候种上的。在这些小木屋最初被搭建的时候，同时建设的道路却是一条并没有被精心种植的大道。当时这里只是一片荒凉的工业道路，一端通往蒸汽甘蔗磨坊，磨坊高高的石制烟囱里喷出的烟灰笼罩着这些木屋；而另一端则是码头。我登上其中一个走廊凉台，往木屋里看去，看上去很真实。细条的木板被钉在一起，木墙非常之薄，看着让人心酸。木屋中间是一个砖砌的烟囱，两侧都有

种植园宅邸外风景如画

❶ 根据 BBC 同名纪录片，一个奴隶屋中间的砖砌的烟囱将房屋分成两个生活区，所以火炉会两边开。——译者

一个火炉[1]。我努力地想象当时的场景，当时的嘈杂、气味以及拥挤的环境。很难说清楚当时有多少人生活在这里，但根据其他种植园记载，好几户人家会挤在一个生活区中，这意味着每一个小木屋都要容纳 20 左右个奴隶。在远处供给丰沛的大房子映衬下，想到如此之多的人寄居于这个小屋的场景让人感到无比难过。在长青园，用真实的人构成当年住在小木屋里的场景还是可行的，因为 1835 年贝克内尔的一份财产清册保存了下来，清晰罗列着他的财产，其中自然也包括了他所有的奴隶。据清单记载，当时这片庄园有 57 个奴隶，还写着他们的名字、年龄、职业和价格。比如说，有一位高级的奴隶名叫蓝根，37 岁，清单上描述他为“有能力指挥种植工作”，价格是 1200 美金。

最终废除了美国万恶奴隶制的美国内战，其爆发的原因并不是奴隶制本身。亚伯拉罕·林肯宣布说：“在这场战争中，我的终极目标就是拯救联邦，既不是拯救也不是摧毁奴隶制。如果我不用解放奴隶而拯救联邦，我会这样做。如果我需要解放所有的奴隶来拯救联邦，我会这样做。如果我只能够解救一部分奴隶而拯救联邦，

奴隶们在劳作

新奥尔良位于长沼旁的
传统小木屋

葛底斯堡的
林肯纪念堂

我也会义无反顾。”[1] 这就是林肯对公众所公开的想法，这个精明的实用主义政治家不遗余力地为联邦的生存而努力。但是，从私人角度，深受万恶的奴隶制摧残的林肯也是一位绝对的废奴主义者，他相信奴隶制会一步步地吞噬国家的灵魂。在 1862 年 9 月，当他相信联邦军或许已经走向最终胜利的时候，林肯断然采取行动，将他对奴隶制度的憎恨转化为政策。9 月 22 日，林肯发表了《解放奴隶宣言》，宣言中称：“1863 年 1 月 1 日起，凡在反抗合众国的任何州或一州的特地地区之内，为人占有而做奴隶的人们都应在此时及以后永远获得自由。”这么做既狡猾又谨慎，有人可能会说这很自私——在没有控制权的叛军地区解放奴隶，却允许盟军继续实行奴隶制。但是这却是一个方向正确的举动，它让奴隶制成为战争最大的问题，它的废除成为了一项国家事业。

在宣言发布的时候，新奥尔良以及沿河大道沿岸种植园——比如长青园——的命运已经尘埃落定。1862 年 4 月，盟军舰队攻下了新奥尔良，并一举向密西西比河进发，途径长青种植园。5 月，他们占领了重要的巴吞鲁日内河

[1] 引文出自林肯写给《纽约论坛报》（New York Tribune）颇具影响力的编辑霍勒斯·格里利（Horace Greeley）的一封信。——译者

港并逼近维克斯堡。所以，对于长青种植园来说，战争在1862 年春天就结束了。长青园被盟军收回，这在建筑史上是一大幸事，因为这里的宅邸和其附属建筑群都从而逃脱了被烧毁的命运——在战争末期，降临在许多其他南部种植园的命运，作为合众国联邦军对联盟国的打击报复。

至于贝克内尔家族，他的一个儿子再也没能重见长青种植园，因为他在亚特兰大附近与联盟军队一同战斗的时候战死了。然而，他的兄弟迈克·阿尔西德回到了新奥尔良，尽管他曾有过叛军记录，却成功地修复了长青种植园使其重新运作起来。似乎大多数的奴隶，虽然在 1865 年获得了解放，却仍旧生活在这里、生活在原来的木屋中。他们能去哪里呢？这就是他们唯一拥有的家，从某种程度上说，甚至是他们世代生存的家。居住条件尽管没怎么变，但是他们现在可以领到工资，毫无疑问很少，然而最重要的是他们拥有了自由。迈克 · 阿尔西德一直活到 1893 年，由于萧条时期食糖的价格下降，种植园于 1930 年被卖给了一家人用于还债，同时宅邸被银行没收。自此，种植园荒废了 14 年，直到被一位女性石油继承人收购，并对其进行了精心修复和

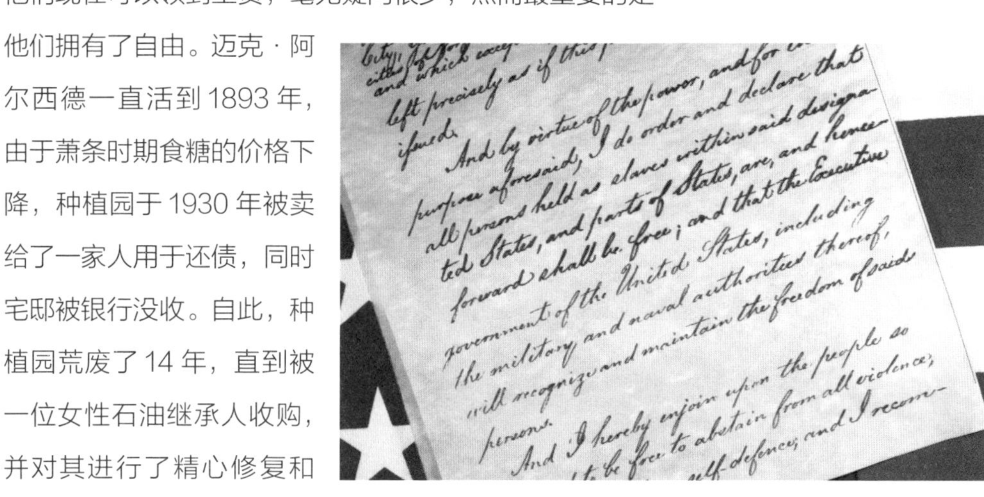

And by virtue of the power, and for the
purpose aforesaid, I do order and declare that
all persons held as slaves within said designa
ted States, and parts of States, are, and hence
forward shall be free; and that the Executive
government of the United States, including
the military and naval authorities thereof,
will recognize and maintain the freedom of said
persons.
And I hereby enjoin upon the people so
to be free to abstain from all violence,
self-defence; and I recom-

《解放奴隶宣言》文件

保存。

长青园作为美利坚合众国历史上动荡和矛盾时期的纪念馆被保留了下来，当时的社会心怀邪恶黑暗的种子，却诞生了许多美丽的建筑。我回到奴隶居住区，坐在如今看似宁静的林间空地上。这些硕果仅存的、不起眼的、脆弱的构筑物使得长青园成为国际上举足轻重的地方。对一些人来说，这些建筑或许是会让他们想起那段不堪的、应该遗忘的岁月的强效印记。但是它们能够留存于世上毕竟是一件好事，它们仍然拥有着能让人震惊、愤怒、羞愧、铭记的力量。遗忘是人类最大的敌人。我们需要这些建筑来提醒我们，当人凌驾于人之上时，邪恶便会随之产生；来提醒我们自私、剥削的罪恶；提醒我们曾经的无知、盲目所犯的罪恶。只有铭记住这些历史，才有可能彻底根除邪恶。

美国路易斯安那州的
甘蔗种植园

扩展阅读

以下是在为英国广播公司第2频道的《漫游世界建筑群》系列纪录片及本书做准备时参考的出版物，也可供读者作为扩展阅读的借鉴。

愉悦

The Amazon Rubber Boom: 1850-1920, Barbara Weinstein, Stanford, 1983

The Commerce in Rubber: the first 250 years, Austin Coates, Oxford, 1987

Brazil and the Struggle for Rubber, Warren Dean, Cambridge, 1987

Bombay: the cities within, Sharada Dwivedi and Rahul Mehrotra, Bombay, 1995

Neuschwanstein, Peter Kruckman, 2000

Neuchwanstein, The King and his Castle, Peter Kruckmann, 2001

Neuschwanstein, Gottfried Knapp, 1999

The Mad King: the life and times of Ludwig II of Bavaria, Greg King, 1997

The Dream King: Ludwig II of Bavaria, Wilfred Blunt, 1973

The Swan King: Ludwig 11 of Bavaria, Christopher Macintosh, 2003

Pompeii: the living city, Alex Butterworth and Ray Laurence, London, 2005

Roman Pompeii: Space and Society, Ray Laurence, London, 1994

Priapeia, L.C. Smithers and Sir Richard Burton, 1890

Pompeii: the living city, A. Butterworth and R. Laurence, 2005

The Days of the Dead, John Greenleigh and Rosalind Rosoff Beimler, San Francisco, 1991

权力

The Queen's Pirates, Derek Parker, London, 2004

Sir Francis Drake's West Indian Voyage, 1585-86, ed. Mary Frear Keeler, The Hakluyt Society, London, 1981

Art and Architecture in Spain and Portugal and their American Dominions, 1500-1800, George Kubler and Martin Soria, Harmondsworth, 1959

Spanish City Planning in North America, Dora Crouch, Daniel Garr, Axel Mundigo, Cambridge, 1982

The Making of Urban America: a history of city planning in the United States, John W. Reps, New Jersey, 1965

Architecture and Town Planning in Colonial North America, 3 vols., James D. Komwolf, Baltimore, 2002

The European City, Leonardo Benevolo, Oxford, 1993

The Colonial Spanish-American City, Jay Kinsbruner, Austin, 2005

Sensuous Worship, Jesuits and the Art of the Early Catholic Reformation in Germany, Jeffrey Chipps Smith, Princeton University Press, 2002

The Jesuits and the Arts, ed. John W. O'Malley, S.J. and Gavin Alexander Baily, Saint Joseph's University Press, 2005

The Imperial Harem: Woman and Sovereignty in the Ottoman Empire, Leslie P. Peirce, Oxford, 1993

The Topkai Saray Museum, ed. J.M. Rogers, London, 1988

Architecture: Ceremonial and Power, The Topkapi Palace, Gulru Necipoglu-Kafadar, Cambridge, 1991

Back of the Big House: The architecture of plantation slavery, John Michael Vlach, 1993

Slavery and Freedom, James Oakes, New York, 1990

The Peculiar Institution: Slavery in the Ante-bellum South, Kenneth M. Stampp, 1956

The Slave Community: Plantation life in the Antebellum South, John Blassingame, 1972

Life and Times of Frederick Douglass: His early life as a slave, his escape from bondage, his complete history, Frederick Douglass, 1892

Plantations of the Carolina Low Country, Samuel Gaillard Stoney, The Carolina Arts Association, 1938

Plantation Houses and Mansions of the Old South, J. Frazer Smith, New York, 1993

译者后记

电影作为当下信息时代不可或缺的影视产业之一，其诞生始于纪录片的创作。“纪录片”一词来源于英国（约翰 · 格里尔逊）。英国广播公司（BBC）作为世界最大的新闻广播机构之一，其录制的纪录片题材广泛、制作精良、画面精美，有着世界公认的地位。而本书系的英文原著最初就是来自于英国广播公司（BBC）的同名专题系列纪录片。

现在,《漫游世界建筑群》的中文版书系终于和广大读者见面了。通过本书系“前言”中作者丹 · 克鲁克香克（Dan Cruickshank）的诚挚推介，读者们可以知道这本书是如何完成的。本书并非专门为建筑学界人士而著，它更像是一部小说，讲述了世界各地不同时代、不同文化背景下的故事，所以无论是考验生死存亡的极地还是充满权利斗争的宫廷，都被精心记录于其中。愿读者们在细酌之余，能体会此书的博大精深，皆能有所受益，实为本书之最大意义所在。

《漫游世界建筑群》这套书共包括 8 个主题，覆盖 19 个国家，涉猎了 36 座建筑。其题材的广泛性决定了内容的复杂性和背景资料的多样化，也决定了翻译角度的多元化,如对于原著所涉及到的宗教文化差异,翻译时就要考虑“功能相似”原则，灵活地使用“意译”加“注释”法。此外，作者是一位老牌的英式学者，在作品中非常喜欢使用巴洛克式的长句，也就是那种层层叠叠如同阶梯式瀑布般壮美、阅读起来极具音律感、逻辑缜密的主从复合句。在阅读这样的语句时能够让人感受到其中的思想、力量和美感。有人曾经说过中英文的不同是因为逻辑关系不同，而逻辑关系的变化必然引起语法结构的变更。对原著的译注是一项浩大且精密的工程。而在这个过程中，译者也非常关注如何在结构的变更中，忠于原文的情感表达，让读者从文字中感受到作者的激情，感受文中描述的建筑中所蕴含的历史，感受甚至体验曾经的那些故事、那些人物、那些情怀。然而，西式的这种热情在用中文表达时，就显得较为困难。相较于东方的含蓄、内敛、淡然处之，西式的表达显得更为浓烈、激荡、开门见山。在翻译过程中，如何把握语言，既能让读者感受原著的文化氛围，又能在中文表达时展示雅致、不显直白，对于我而言仍是一条漫漫长路。

本书在翻译过程中，得到国内外许多友人的鼎力相助。定居美国的陈初、英国的邹会和叶文哲、中国台湾的谢碧珈，还有李明峰、高侃、黄艳群等朋友，他们为本书的完成给予了很大的支持和帮助，在此一并表示衷心的感谢！

此外，中国水利水电出版社的李亮分社长、李康编辑在本书系的前期策划、文字润色、插图配置及后续出版工作中付诸了极大的心血和劳动，使其以更为完美的形态呈现在读者面前，尤其是重新设计配置的精美图片更是为本书带来美妙的阅读体验，而美术编辑李菲的精心设计最终让所有人对本书爱不释手。在此也对他们的辛勤付出表示诚挚的谢意！

这是本人的第一本译著，出于专业原因，我对《漫游世界建筑群》可谓怀有天然的好感。虽然我对于景观和建筑知识有着兴趣和标准上的追求，但我并非翻译出身，也无经验，即使曾经留洋，也难以做到让读者有如阅读出于国人手笔的作品一样的体会。 对于本书，我在不偏离原著主旨内容的原则下，尽量运用通顺流畅的文句，使读者在阅读时没有生硬、吃力的感觉。但由于本人水平有限，译文中必然存在不少问题，所以，在此诚恳地欢迎广大读者批评指正，并提出宝贵意见。

译 者

2015 年 12 月

第一译者介绍

吴捷，浙江理工大学艺术与设计学院讲师，英国谢菲尔德大学景观建筑学专业硕士，主要研究方向为环境设计。2010 年进入浙江理工大学执教，先后教授过历史理论、景观、建筑、创意概念设计等方面的课程，致力于可持续性景观、公共空间和文化领域的研究工作，并发表了相关的学术论文。

图书在版编目（CIP）数据

漫游世界建筑群之愉悦·权力 /（英）克鲁克香克著；吴捷，杨小军译. -- 北京 ：中国水利水电出版社，2016.1
（BBC经典纪录片图文书系列）
书名原文：Adventures in Architecture
ISBN 978-7-5170-4183-2

Ⅰ. ①漫… Ⅱ. ①克… ②吴… ③杨… Ⅲ. ①建筑艺术－世界－图集 Ⅳ. ①TU-861

中国版本图书馆CIP数据核字(2016)第048272号

北京市版权局著作权合同登记号：图字 01-2015-2702
本书配图来自CFP@视觉中国

责任编辑：李 亮 李 康
文字编辑：李 康
插图配置：李 康

书籍设计：李 菲 田雨秾
书籍排版：田雨秾

书 名	BBC经典纪录片图文书系列 漫游世界建筑群之愉悦·权力
原书名	Adventures in Architecture
原 著	【英】Dan Cruickshank（丹·克鲁克香克）
译 者	吴捷 杨小军
出版发行	中国水利水电出版社 (北京市海淀区玉渊潭南路1号D座 100038) 网址: www.waterpub.com.cn E-mail: sales@waterpub.com.cn 电话: (010) 68367658 (发行部)
经 售	北京科水图书销售中心 (零售) 电话: (010) 88383994、63202643、68545874 全国各地新华书店和相关出版物销售网点
印 刷	北京印匠彩色印刷有限公司
规 格	150mm×230mm 16开本 10.25印张 118千字
版 次	2016年1月第1版 2016年1月第1次印刷
定 价	39.00元